土木工程科技发展与创新研究前沿丛书

# 煤矿深立井马头门围岩稳定性研究及其控制技术

王晓健　著

武汉理工大学出版社
·武汉·

## 内 容 提 要

由于深立井马头门位处矿井咽喉部位,设计断面面积大,在施工过程中,围岩反复受到扰动,因此,深立井马头门破坏的现象时有发生,严重影响围岩稳定性和支护结构安全。针对上述技术难题,以确保深立井马头门围岩稳定和支护结构安全为目的,采用理论分析、数值模拟、模型试验和现场实测相结合的研究方法,系统地开展了深立井马头门围岩历时稳定性分析、控制技术与应用等方面的研究。

本书可供从事矿山建设工程的技术人员、相关专业学生及科研人员参考使用。

**图书在版编目(CIP)数据**

煤矿深立井马头门围岩稳定性研究及其控制技术/王晓健著.—武汉:武汉理工大学出版社,2024.1

ISBN 978-7-5629-6838-2

Ⅰ.①煤… Ⅱ.①王… Ⅲ.①深井—马头门—围岩稳定性 Ⅳ.①TD264

中国国家版本馆 CIP 数据核字(2023)第 204681 号

## 煤矿深立井马头门围岩稳定性研究及其控制技术

Meikuang Shenlijing Matoumen Weiyan Wendingxing Yanjiu Jiqi Kongzhi Jishu

| | |
|---|---|
| 项目负责人:王利永(027-87290908) | 责任编辑:王 思 |
| 责任校对:张 晨 | 版面设计:正风图文 |

出 版 发 行:武汉理工大学出版社

社 址:武汉市洪山区珞狮路 122 号

邮 编:430070

网 址:http://www.wutp.com.cn

经 销:各地新华书店

印 刷:武汉乐生印刷有限公司

开 本:787 mm×1092 mm 1/16

印 张:11

字 数:240 千字

版 次:2024 年 1 月第 1 版

印 次:2024 年 1 月第 1 次印刷

定 价:78.00 元

# 前　言

深井多具有工程地质条件复杂、地压大等特点,由于深立井马头门位处矿井咽喉部位,设计断面面积大,在施工过程中,围岩反复受到扰动,因此,深立井马头门破坏的现象时有发生,严重影响围岩稳定性和支护结构安全。针对上述技术难题,以确保深立井马头门围岩稳定和支护结构安全为目的,笔者采用理论分析、数值模拟、模型试验和现场实测相结合的研究方法,系统地开展了深立井马头门围岩历时稳定性分析、控制技术与应用等方面的研究。本书的主要研究工作及成果如下:

(1)在实验室内展开深部地层砂质泥岩的三轴蠕变试验,在线性伯格斯模型的基础上建立变参数非线性黏弹塑性伯格斯蠕变本构模型,它可以完整地描述砂质泥岩在较低应力水平和超过破裂应力水平下的蠕变力学行为。采用莱芬博格-马奎特算法对该模型的蠕变参数进行分析,发现在同一级应力水平下砂质泥岩蠕变模型的轴向、径向应变参数有所差异,砂质泥岩的蠕变变形具有各向异性的特征,数值计算二次开发时,蠕变模型参数取值需要考虑不同应力水平下岩石蠕变的各向异性。

(2)以淮南某矿副井马头门为原型,建立马头门大型三维数值计算模型,结合深部地层岩石蠕变试验提出的变参数非线性伯格斯蠕变模型,进行了基于 ABAQUS 的用户本构模型二次开发,并应用于深立井马头门围岩历时稳定性的三维数值模拟分析中;数值计算揭示了马头门围岩位移场和应力场分布规律以及塑性区的分布特征,随着时间推移和马头门的分步开挖,硐室围岩主要应力集中区呈现“历时三区转化”规律;建立了一套完整的大型深立井马头门历时数值分析方法,可对马头门的围岩稳定性进行评价,数值分析结果能够为深立井马头门围岩变形控制与支护结构优化设计提供有力依据。

(3)研制煤矿深立井马头门大型三维物理模型试验装置,首次采用光纤、电法和电阻式传感器等联合测试系统,得到了煤矿深井马头门分步开挖过程中的应力场、位移场和松动范围变化规律。由光纤测试结果可知,井筒和马头门交界处围岩受井筒和马头门开挖影响显著,围岩受影响范围约 300 mm,相当于实际工程中的影响范围为 15 m;马头门两边围岩受影响范围约 200 mm,相当于实际工程中的影响范围为 10 m。井筒和马头门开挖,引起围岩应力减少,距离马头门顶板 2~3 m 处,围岩最小应力降为原岩应力的 20%~30%。电法测试系统测得的松动圈厚度基本为 200~300 mm,和光纤测试结果一致。

(4)依据深立井马头门数值计算与模型试验揭示的围岩历时稳定性演化规律,结合工程应用监测结果,针对深立井马头门的地质条件、施工过程和支护结构设计,提出系列深立井马头门围岩变形控制技术措施。采用地面预注浆技术,加固马头门上下段井壁围岩及马头门大硐室顶底板围岩,提高软弱岩体的承载能力。从装药结构、爆破参数以及周边控界爆破技术等方面控制爆破对围岩的扰动。在马头门大硐室与两侧后续巷道之间施工一排密集深钻孔,避免邻近硐室施工和变形扰动对已支护马头门衬砌和围岩的稳定性造成影响。包括上、下口段井壁,深立井马头门两侧硐室衬砌混凝土的整体浇筑段长度由目前的 3 m 左右加长到 6~8 m。信号硐室和液压泵站等硐室支护结构与马头门支护结构同时施工,避免后续施工对已浇筑井壁的扰动影响。针对深立井马头门的围岩赋存深度、主要岩性和断面尺寸等因素,提出连接段井壁和马头门硐室支护结构的分级策略。

(5)将深部马头门围岩控制技术成功应用到两淮矿区的多对深立井马头门工程中。发现深部地层马头门支护结构的钢筋应力、混凝土应变及硐室断面收敛变化曲线在 100 天左右以后逐渐趋缓,马头门围岩与支护结构形成有效共同作用体,硐室变形得到了有效控制。马头门附近硐室的施工容易造成深立井马头门变形加速,严重的会造成结构破损,因此需要实时监测马头门大硐室支护结构的内部受力和表面收敛情况,必要时采取壁后注浆加固围岩和锚索梁加固衬砌结构等补强措施,确保深井马头门的稳定。

本书的研究工作得到了安徽省教育厅高等学校省级质量工程项目"土木工程测试技术"(2020mooc123)的资助,编著过程中得到程桦教授、姚直书教授、荣传新教授、蔡海兵教授等的悉心指导,同时得到宋海清、黎明镜、唐彬、薛维培等老师的无私帮助,特向支持和关心作者研究工作的单位和个人表示衷心的感谢。书中有部分内容参考了有关单位和个人的研究成果,均已在参考文献中列出,在此一并致谢。

随着国内外煤矿资源采掘深度逐渐加大,深立井马头门围岩控制技术的应用必将得到重视和推广。

作　者

2023 年 2 月于安徽淮南

# 目　　录

# 1 绪 论

## 1.1 研究的背景和意义

煤矿深立井马头门是指井筒与井底车场巷道相连接的部分,包括马头门上下段井筒及其两侧的连接大硐室,如图 1-1 所示。深立井马头门地处矿井的咽喉部位,因其位置的特殊性,具有断面面积大、结构复杂、巷硐布置密集、施工期间围岩反复受到扰动、稳定性差、服务年限长等特点,为矿井建设工程的设计和施工难点。

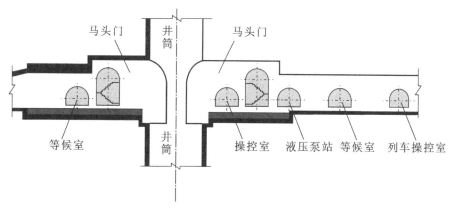

**图 1-1 煤矿深立井马头门大硐室**

21 世纪以来,我国浅部煤炭资源日益枯竭,开采深度普遍增至 600 m 以上,千米深井屡见不鲜。与浅立井相比,深立井马头门围岩多处于"三高一扰动"(高地应力、高水压、高地温和反复施工扰动)相互耦合的复杂地质力学环境中,其非线性大变形现象尤为显著,马头门在施工与运营过程中发生破坏的现象时有发生[1]。如江西曲江矿副井(累深 913 m,2000年)、山东唐口煤矿副井(累深 1029 m,2003 年)、安徽淮南刘庄矿风井(累深 790 m,2004年)和淮北涡北矿副井(累深 500 m,2005 年)等,在马头门硐室及其上下段井筒处均发生了不同程度的围岩变形量大、锚杆和锚索失效、钢筋混凝土衬砌掉顶和破损等现象,有的虽几经维修,仍屡修屡坏,不但经济损失巨大,而且严重威胁矿井的安全生产。究其原因,主要是对深立井马头门围岩历时稳定性及变形规律缺乏深刻认识,没有在理论指导下建立煤矿深立井马头门围岩稳定性控制技术体系,以致设计与施工存在较大的盲目性。

本书旨在围绕煤矿深立井马头门围岩力学特性、历时稳定性、围岩变形控制等方面的关键技术问题，以两淮矿区 2005 年以来建设的新井和延续至今的改扩建相关工程作为主要研究对象，以开展围岩与支护共同作用下深立井马头门围岩历时稳定性演变规律科学问题研究为先导，探索深立井马头门施工与围岩稳定性之间的内在联系，提出在满足深立井马头门使用功能的前提下，结合围岩历时稳定性分析成果，创新和完善深立井马头门优化设计方法；寻求不同工程地质条件下控制马头门围岩稳定性支护策略，优化与之相适应的支护结构；形成煤矿深立井马头门围岩稳定性控制技术体系，解决煤矿深立井马头门围岩变形破坏与控制问题。

深部地层煤矿井筒马头门历时稳定性与控制技术的研究对丰富岩石力学和发展矿山地下结构设计理论具有重要的科学价值，对确保矿井建设与生产安全意义重大，将有力推动我国矿山建设工程领域的科技进步，应用前景广阔。

# 1.2  国内外研究现状

开挖前地下硐室的围岩处于应力平衡状态，这种初始的应力状态是由岩体自重应力场和长期的地质历史过程中的构造应力场叠加形成的。地下硐室开挖后围岩发生卸荷回弹和流变应力释放，引起围岩周围一定范围应力场的重分布，当围岩的应力集中程度超出自身强度或者变形过大时，就会产生围岩的破坏。对于深部地层煤矿马头门这样大跨度、高垂距、结构复杂的地下硐室，围岩的历时稳定性问题是影响硐室结构设计和施工开挖方式的重要问题，研究硐室开挖后围岩的应力和变形规律，在当前具有紧迫的现实意义。目前对于深部大硐室的研究，主要从理论分析、试验研究和控制技术等方面着手。

## 1.2.1  理论分析

煤矿深部硐室围岩体是复杂的地质结构体，既是地下硐室荷载的来源，又是硐室的主要承载体，同时也是开挖对象。国内外对深部地下工程围岩的应力-应变力学特征研究，可以从力学解析和数值模拟两方面进行阐述。

### 1.2.1.1  力学解析研究

芬纳、卡斯特奈和泰勒伯等人在连续力学、介质力学的框架内，针对圆形地下隧硐的开挖，提出了理想弹塑性模型。他们假设岩体服从莫尔-库仑屈服准则，分析圆形隧硐围岩的应力，推导出目前工程上仍广泛应用的圆形隧硐围岩弹塑性区应力和弹塑性区半径的卡斯特奈公式等[2]。

假设围岩隧硐受静水压力 $\sigma_0$ 作用,开挖半径为 $R_0$(图 1-2),得到围岩内部弹性区域应力的解析解为:

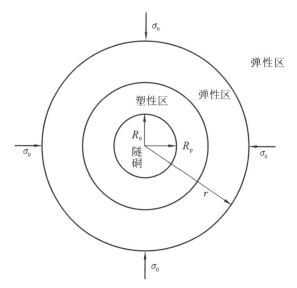

**图 1-2 圆形隧硐解析计算模型**

$$\left.\begin{array}{l}\sigma_r=\sigma_0-(C\cos\varphi+\sigma_0\sin\varphi)\left[\dfrac{(\sigma_0+C\cot\varphi)(1-\sin\varphi)}{C\cot\varphi}\right]^{\frac{2\sin\varphi}{1-\sin\varphi}}\left(\dfrac{R_0}{r}\right)^2 \\[3mm] \sigma_\theta=\sigma_0+(C\cos\varphi+\sigma_0\sin\varphi)\left[\dfrac{(\sigma_0+C\cot\varphi)(1-\sin\varphi)}{C\cot\varphi}\right]^{\frac{2\sin\varphi}{1-\sin\varphi}}\left(\dfrac{R_0}{r}\right)^2\end{array}\right\} \qquad (1\text{-}1)$$

式中    $\sigma_r$——径向应力,Pa;

       $\sigma_\theta$——环向应力,Pa;

       $\sigma_0$——静水压力,Pa;

       $R_0$——开挖半径,m;

       $C$——黏聚力,Pa;

       $\varphi$——摩擦角,°;

       $r$——半径,m。

塑性区域的应力分布解析解为:

$$\left.\begin{array}{l}\sigma_r=C\cot\varphi\left[\left(\dfrac{r}{R_0}\right)^{\frac{2\sin\varphi}{1-\sin\varphi}}-1\right] \\[3mm] \sigma_\theta=C\cot\varphi\left[\dfrac{1+\sin\varphi}{1-\sin\varphi}\left(\dfrac{r}{R_0}\right)^{\frac{2\sin\varphi}{1-\sin\varphi}}-1\right]\end{array}\right\} \qquad (1\text{-}2)$$

塑性区的半径 $R_p$ 解析解为:

$$R_p=R_0\left[\dfrac{(\sigma_0+C\cot\varphi)(1-\sin\varphi)}{C\cot\varphi}\right]^{\frac{2\sin\varphi}{1-\sin\varphi}} \qquad (1\text{-}3)$$

式中 $R_p$——塑性区半径,m。

巷道表面位移解析解为:

$$u = \frac{\sin\varphi}{2GR_0}(\sigma_0 + C\cot\varphi)R_p^2 \tag{1-4}$$

式中 $u$——巷道表面位移,m;

　　　$G$——剪切模量,Pa。

范文等人[3]对芬纳公式进行了修正,引入了统一强度理论,得到松动圈的半径大小:

$$R_p = R_0\left[(1-\sin\varphi_t)\frac{\sigma_0 + C_t\cot\varphi_t}{p_0 + C_t\cot\varphi_t}\right]^{\frac{2\sin\varphi_t}{1-\sin\varphi_t}} \tag{1-5}$$

式中 $C_t$——统一黏聚强度,MPa;

　　　$\varphi_t$——统一摩擦角;

　　　$p_0$——支护力,MPa。

陈立伟等[4]基于俞茂宏教授提出的统一强度理论,推导出非均匀应力场的巷道围岩塑性区范围公式,可用于预测侧压水平不同的地下深埋硐室的塑性区,式(1-6)可以描述塑性区边界线:

$$f(k) = a_1 k^4 + a_2 k^3 + a_3 k^2 + a_4 k + a_5 = 0 \tag{1-6}$$

式中,$a_i(i=1,\cdots,5)$是侧压系数 $\lambda$、原始地应力 $\sigma_0$、支护力 $p_0$ 等的函数。

在圆形地下硐室黏弹性解的基础上,朱维申和李建华研究了围岩峰值后出现的软化区的解析解[5]。

上述基于弹性力学和连续介质理论的计算方法只适用于圆形地下硐室等个别情况,现有深部地下工程围岩非线性变形的力学特征的理论解析研究仍不成熟,目前在对深部围岩的非线性演变规律及不规则开挖空间的研究进展不大。

### 1.2.1.2　数值模拟研究

深部地下工程围岩的结构面和结构体使其具有非连续和非线性力学特征,同时围岩体具有复杂的加卸载条件和非对称几何边界条件。马头门交叉硐室的围岩稳定性问题一般很难用解析法进行简单的求解。数值模拟方法能模拟围岩的复杂力学行为,形成各种开挖空间和模拟多种开挖步骤,是深部地层马头门结构设计和优化的主要辅助手段。

数值模拟方法主要包括有限单元法、有限差分法、离散单元法、边界单元法、无限单元法等常见方法。按介质的连续性,非连续变形分析方法和连续变形分析方法是数值方法两个大的分类。非连续变形分析方法主要有刚性单元法、基于块体理论的非连续变形分析方法、无网格伽辽金法、无单元方法、数值流形方法和耦合方法等,连续变形分析方法则有应用广泛的有限差分法和有限单元法。其中非连续变形分析法在岩土地下工程硐室开挖领域的计算分析较少。

最早的有限差分法采用规则的网格系统,但不能解决弹塑性受力体材料应力-应变非线性、边界不规则、弹性模量各向异性等常见而复杂的问题。网格映射技术的发展使有限差分法取得了较大的进步,如不规则三角形网格、等参元等,总结归纳为广义差分法。目前,FLAC 软件就是一种应用广泛的差分法程序,在地下工程硐室的开挖、支护中具有建模快、支护单元类型丰富、岩土体本构关系库多样等优点。1943 年库朗特在求解材料力学中杆的扭转问题时提出了有限单元法的基本思想,他结合三角形网格上的分片连续函数和最小位能原理,将连续力学问题离散为通过节点相互连接的杆系问题。随着计算机辅助计算能力的提高,有限单元法在辅助设计中飞速发展,应用范围也越来越广泛。在岩土地下工程和采矿工程方面,ABAQUS 等有限单元软件可解决地下硐室围岩的材料非线性、多场耦合等问题,对于地下埋深硐室复杂边界的开挖支护问题也能圆满地解决。

对于通过数值计算分析评价大型硐室群稳定性方面,国外在 20 世纪 70 年代就有部分学者开始这方面的研究。Hojo 等[6]利用自编软件研究了水电站大型地下硐室空间开挖后非弹性地层围岩的应力、应变分布,分析了变形机理,验证了程序的有效性。Kovrizhnykh[7]利用蠕变模型分析了圆形硐室围岩在静水压力作用下的变形和破坏问题。Gnirk 等[8]探讨了硬岩中储存压缩气体的大型地下硐室的围岩稳定性问题,建立了硐室稳定性评估的数值模拟模型。Nguyen 等[9]基于流变模型对隧道施工过程进行数值计算,并根据数值计算结果提出围岩支护时间的确定方法。Yoshida 等[10]结合 MBC 计算手段,建立了日本东京一处电站的大跨度地下硐室的模型,并将数值计算结果和现场监测结果进行了比较。Sturk 等[11]给出了天然气地下储存库的围岩热力学耦合计算结果,分析了硐室开挖过程中裂纹扩张的路径和控制技术,制定了硐室的新的稳定评价方法。Edelbro[12]使用瞬态硬化-软化模型进行瑞典某处硬岩硐室的数值计算,阐述了围岩开挖前后围岩力学参数的演变特性。Dasgupta 等[13]以及 Yang 等[14]使用三维非线性有限元法分析了地下大型水电站硐室的围岩力学特性,确定了围岩达到稳定变形状态的时间。

在国内,朱维申、李术才等[15-18]考虑小浪底地下硐室现场施工的约束条件,从岩体稳定角度出发,基于岩体动态施工力学使用综合运用遗传算法与有限元程序的智能分析系统,优化分析小浪底水利工程地下厂房硐室施工最佳工序,提高了水利马头门的稳定性;用数值模拟方法计算了不同围岩级别、不同深度和不同侧压力系数下硐壁位移量的变化规律,采用智能分析系统给出的位移公式能够准确预测不同侧压系数等条件下围岩的收敛位移。安红刚、冯夏庭等[19-22]提出并优化神经网络有限元方法,建立地下硐室施工方案与围岩关键点最大位移和松动破损区体积之间的对应关系,以围岩关键点最大位移和松动破损区体积大小与参考值的差值比加权和作为评估的指标,对随机产生的一组初始方案进行遗传操作,产生下一代可行方案,遗传优化直至产生最佳方案。钟登华等[23-28]基于 NURBS 技术和地质结构单元实体分割理论建立了大型水利硐室工程地质三维整体模型,采用参数化建模得到地下硐室三维几何模型,结合数值模拟软件进行地下硐室特征部位的三维地质可视化分析;

在综合考虑围岩等级、构造应力等地质因素的条件下,通过对潜在施工方案的地质综合评价,实现了地下硐室布置方案的快速优化,硐室的优化设计充分考虑了水利硐室的物理、力学特征。郭凌云等[29]、张巍等[30]基于三维弹塑性有限元建立了大型地下硐室开挖围岩应力-损伤-渗流耦合的计算模型,利用遗传算法反演得到西龙池抽水蓄能电站围岩物理力学参数及开挖后围岩位移释放系数;考虑流固和损伤存在相互耦合影响,对开挖硐室进行分析计算,预测了开挖后硐室围岩应力与变形、锚杆锚索应力等力学特征。杨兴国等[31]、李艳玲等[32]以随机的生产线平衡原理、动态数组和公共时钟为基础,结合地下工程小湾超大型地下厂房硐室施工特点,开发了用于地下硐室的施工程序仿真模拟系统,能够实现对施工系统的仿真模拟。余卫平等[33-35]运用面向对象的编程思路,开发了一套地下硐室有限元分析结果的可视化系统,通过该系统,可有效地整理围岩稳定性的分析结果,为方案评价以及大型地下硐室有限元分析软件的编制提供了合理的思路。唐旭海等[36]对溪洛渡电站左岸地下厂房硐室群进行了模拟,采用非线性弹塑性有限元法,通过预布大规模随机裂隙,分析对比了围岩加固前后的力学特征,获得了硐周围压变形特征、应力分布状态和破坏形式,给出了硐周不稳定块体的分布位置。陈健云等[37-38]研究了超大型地下硐室群的三维地震响应规律,采用阻尼影响抽取法分析围岩动刚度的动力特性,给出了地下硐室结构抗震分析的评估指标,并利用该评估指标对溪洛渡电站大型地下硐室群的抗震稳定性进行了分析评价。陈秀铜、李璐[39]针对锦屏一级水电站地下厂区围岩裂隙发育、破碎松散、高地应力场以及硐室尺寸大等地质情形,运用损伤力学理论对地下硐室群的稳定性进行三维非线性弹塑性损伤有限元模拟计算,分析了地下厂房硐室群布置、施工开挖顺序对围岩变形的影响,优化了围岩支护参数。对比分析数值模拟与模型试验结果,验证了非线性弹塑性损伤理论的合理性。杨明举、常舒东[40]利用三维非线性有限元结合某水电站超大型地下硐室群施工过程,分析了围岩稳定问题,通过比较主厂房、主变室和尾调室开挖顺序不同的三种施工方式下,地下硐室群围岩应力分布和位移变形特征,给出了优化施工方案。

何满潮等[41-43]采用数值模拟技术建立了煤矿地下硐室的三维模型,分析了不同开挖顺序下深部吸水硐室等立体交叉硐室围岩产生的不同位移变形与应力分布,形成了开挖和支护的优化方案,并认为先施工断面小的支巷对硐室稳定性影响最小。曹晨明[44]建立了累深600 m的屯留煤矿副井井筒及井底车场附近巷道和交叉硐室模型,通过有限元软件模拟分析了开挖前后围岩应力场和位移场的变化规律。闫长斌等[45]通过数值模拟分析了厂坝铅锌矿区竖向排列地下硐室围压的动态响应稳定性问题,得出地下硐室隔板位移和围岩塑性区分布在不同速度、不同动荷载频率以及不同硐室间距条件下的变化规律。针对金川三矿区破碎硐室让压支护设计,余伟健等[46]应用FLAC 3D对最佳让压方案的三维开挖与支护计算进行了数值模拟,通过让压方案的围岩力学特征分析,确定了合理的开挖顺序与支护结构。根据桃园矿深部矿区的地质条件,针对深部掘进大断面软岩硐室,张连福等[47]运用数值模拟方法研究了硐室围岩稳定性,分析深部开采巷道实际的变形破坏演变规律,得到煤矿深井大断面软岩硐室破坏失稳的内在原因。以某矿煤仓硐室为原型,通过数值模拟软件 FLAC,王卫军等[48]运用损伤力学研究了大断面硐室围岩开挖前后的稳定性,通过对比无支护和锚杆注浆联合支护两种方案的围岩变形,确定煤仓硐室的锚注联合支护参数。韦寒波等[49]模拟分析了阳泉三矿某胶带驱动机硐室在分步开挖过程中围岩的稳定性,得出硐室稳定性相对薄弱部位为硐室的底板和拱角的结论。根据某矿等候室的工程地质条件,硐室的顶帮均采用模筑混凝土,吴浩仁等[50]采用大型软件进行数值模拟后,提出了对硐室底板采取超挖回填结合深孔锚索注浆进行底臌治理的方案,结果显示底板位移得到了控制。王来贵等[51]采用可模拟拉张破裂的有限元数值模拟软件,分别选取圆形、半圆形、长方形、梯形、直墙拱形硐室模型进行拉张破裂有限元数值模拟,给出拉张破裂的判据,得出不同断面的煤矿地下硐室围岩变形与应力的分布规律等。

## 1.2.2 试验研究

国内外深部地下硐室的试验研究主要集中在围岩力学特征试验、相似模型试验以及现场工程试验和监测等方面。

### 1.2.2.1 围岩力学特征试验

通过对砂岩、泥岩进行大量蠕变试验,Griggs[52]发现,荷载达到极限荷载的 15%～80% 时,岩石即发生蠕变变形,这是岩土工程、地下工程失效的重要原因。针对不同地区的花岗岩、砂岩以及大理岩,Fukui 等[53]在破坏荷载的 90%～95% 荷载水平下进行了单轴压缩蠕变试验,得出所有试样的蠕变曲线。Cruden[54]对 16 个大理岩等硬岩试件进行了单轴压缩蠕变试验,试验数据曲线和流变模型曲线相关性很好。Okubo 等[55]利用自行研制的具有伺服控制系统的刚性试验机,测试得到花岗岩、玄武岩、砂岩、大理石等硬岩的单轴压缩全过程曲线,研究了这些岩石蠕变变形加速过程的应变特征曲线,提出的本构方程可描述岩石三阶段蠕变趋势。Maranini 和 Brignoli[56]对石灰岩进行了单轴压缩和三轴压剪蠕变试验,低围压下的裂隙扩展和高应力下的孔隙塌陷是石灰岩蠕变过程中的主要物理表现形式,随着应力水平的提高和时间的推移,石灰岩的屈服应力水平降低,体积模量 $K$ 和弹性模量 $E$ 减小。

Fujii 等[57]等通过对砂岩和花岗岩的三轴压缩蠕变变形测试,得到试样的轴向、环向应变和体积应变的蠕变曲线,结果表明蠕变试验和常应变速率试验中环向应变可以作为判断岩石损伤的一项指标。Singh 和 Sasajima 等[58-59]采用三轴流变仪对含有人工节理面的圆柱体花岗岩试样进行了剪切流变试验,进行了大理岩三轴压缩蠕变试验研究,并得到了岩石三个阶段的蠕变曲线,曲线表明在大于屈服应力载荷的作用下,轴向蠕变速率小于横向蠕变速率,通过开展各类岩石的蠕变试验,对其本构关系和破坏规律有了深入研究。

非线性黏弹塑性模型的建立和推导以及参数辨识是国内岩石本构发展研究的重点和热点。常见的研究思路有两种：其一是在经典模型的基础上，将一项非线性的黏性元件串联到经典线性流变模型上，进而得到修正的非线性模型；其二是由试验确定岩石的非定常黏滞系数 $\eta$，进而确认非线性流变本构模型。

孙钧[60]对岩石蠕变进行了深入研究，认识到岩石的变形是包括瞬弹变形、瞬塑变形、黏弹变形和黏塑变形等的综合体现。通过引入岩石的流变指数，徐卫亚等[61]、李亚丽等[62]、刘玉春等[63]将提出的非线性黏弹塑性蠕变体串联到经典蠕变模型上，形成河海模型等非线性黏弹塑性蠕变模型，试验曲线与模型曲线较一致，验证了这些模型的合理性与正确性，模型能较好地描述岩石试样蠕变第三阶段加速变形的特性。李成波等[64]用黏弹性模型对三种在不同荷载水平下的岩石蠕变试验曲线进行了模型参数的反演，引入与时间尺度有关的函数 $c(t)$，通过对标准线性体模型作适当修正，提高了模型的参数预测能力。熊诗湖等[65]考虑了工程岩体工作状态、试验边界条件和试件尺寸效应带来的差异，采用五元件广义开尔文模型描述岩体蠕变特征，并推导了相应的广义开尔文蠕变公式，验证了恒载时间趋于无限长时蠕变变形公式与弹性变形公式的统一性。袁海平等[66]基于莫尔-库仑准则，假定材料屈服后完全服从该塑性流动规律，提出了新的塑性元件，典型的伯格斯模型与新的塑性元件串联，该改进型伯格斯蠕变模型能反映模拟黏弹塑性偏量特性和弹塑性体积行为，推导了相应的黏弹塑性本构关系，改进型伯格斯模型能较好地描述岩石的蠕变特性，试验曲线与理论计算曲线相一致。曹平等[67]结合流变力学模型理论，建立非线性蠕变体模型，定义加速蠕变速率幂级数 $n$，其大小为应力与试件长期强度的比值，蠕变特征长度 $\varepsilon$。是模型发生第三阶段蠕变时的总蠕变量，从而推导出能够表征岩石黏弹塑性加速蠕变特性的力学模型，该模型弥补了线性牛顿体不能准确描述加速蠕变的不足，同时能很好地描述岩石的第三阶段加速蠕变特性。

根据岩石损伤理论和试验，在经典蠕变模型中引入损伤因子和损伤变量，通过改进模型推导出能表征三阶段蠕变特征的蠕变本构关系，这也是一个热点研究方向。王来贵等[68]采用微分方程结合拉氏变换推导了单轴和三轴情形的非线性蠕变损伤模型，得出岩石全程应力应变过程曲线，总结出软岩蠕变第三阶段在外界扰动下易失稳的规律；并利用软岩变形后期蠕变损伤所对应的第三阶段加速蠕变特性，有限元编程模拟了岩石的损伤过程，研究成果可为预测、预报地下工程软岩支护系统的失稳现象提供理论依据。陈锋等[69]、胡其志等[70]在盐岩蠕变本构模型中引入损伤变量，结合盐岩本构关系的试验结果，引入考虑偏应力和围压影响的函数到损伤等效应力中，推导出能反映三阶段蠕变特征的盐岩本构模型；通过辨识得到了本构模型的参数，发现理论曲线与试验曲线吻合度较高；在温度与应力耦合作用下，盐岩的蠕变特性发生了改变，他们研究推导了温度-应力耦合下的盐岩损伤方程；温度对盐岩在三轴应力共同作用下的蠕变加速阶段也有显著影响，考虑温度损伤的蠕变本构模型能够很好地表征在不同温度作用下盐岩的衰减蠕变阶段、稳态蠕变阶段和加速蠕变阶段的发展规律。根据科瓦诺夫损伤理论并考虑岩石时效强度理论,余成学[71]通过加入时间变量的岩石损伤表达式,将损伤与岩石黏塑性流变参数相结合,得到的岩石黏塑性流变参数非线性表达式中包含试验加载时间、应力水平等变量,结合西原模型,得到反映岩石材料黏弹塑性非线性蠕变的本构模型,该模型可以统一描述软岩和硬岩的蠕变破坏过程,具有广泛的适应能力,既可以描述在加速蠕变阶段的软岩渐变破坏过程,也可以描述在加速蠕变阶段的硬岩突变破坏过程。蒋昱州等[72]对岩石蠕变三个阶段表现出的力学状态特征进行分析,将损伤演化方程和非线性硬化函数引入麦克斯韦蠕变模型中,新损伤蠕变模型可以较好地描述蠕变第三阶段的变形特征;并对所提出的岩石非线性蠕变损伤模型进行了辨识,经辨识的蠕变模型应变时间曲线和试验曲线的一致性较好。张强勇等[73]考虑岩体的流变损伤劣化效应,推导并建立变参数的蠕变损伤本构模型,岩石蠕变力学参数在试验过程中不是一个常量,而是随时间变化的函数,考虑岩体蠕变参数随时间逐渐减小,该损伤蠕变模型能较好地表征岩石材料的损伤劣化特点。宋飞等[74]考虑损伤石膏角砾岩的蠕变特性,建立石膏角砾岩考虑损伤阈值的损伤流变模型,采用该模型计算的流变位移和实测基本一致,证明采用统计损伤理论研究岩石的非线性流变的可行性。张向阳[75]基于卡查诺夫的蠕变损伤理论对地下硐室围岩顶板的蠕变损伤过程进行了解析分析,他认为围岩的蠕变损伤断裂经历裂隙孕育和断裂扩展两个阶段。

对于岩石的蠕变试验分析,上述文献基本按照前文提到的两个思路展开研究,得到了多种岩石材料的全过程蠕变特性,模型大多针对某种特定类型岩石,如何发现各类岩石蠕变的统一趋势特征还需进一步研究。当前很多蠕变试验的研究只是把理论模型和试验曲线进行对比,需要增加将成果应用到实际工程中的实践性研究。

#### 1.2.2.2 相似模型试验

相似模型试验是真实物理实体的再现,保证满足相似准则的条件下,能够真实地反映地下工程的空间关系,准确模拟岩土施工过程和把握岩土介质的力学变形特性。相似模型试验能较好地模拟复杂工程的施工工艺,以及荷载的作用方式与时间效应等,能研究工程从结构弹性到塑性直到破坏的受力全过程。尤其重要的是,它可以比较全面真实地模拟复杂的地质构造,发现一些新的力学现象和规律,为建立新的理论和数学模型提供依据。相似模型试验不仅可以研究工程的正常受力状态,还可以研究工程的极限荷载及破坏形态。同时,与数值计算结果相比,它所给出的结果形象、直观,能给人以更深刻的印象。地下工程相似模型试验具有独特的优越性,被国内外岩土工程界广泛重视和应用[76-78]。

早在1936年,格恩库兹涅佐夫就提出了相似模拟方法。20世纪初,西欧一些国家就开始进行结构模型试验,并逐渐建立了相似理论。Hansor通过模型试验阐述了深埋巷道不同预应力、粗糙度锚索的支护力学特征及其影响[79]。其后德国、法国、英国等国也开展了这方面的研究。Heuer和Hendron等[80-81]对静力荷载作用下的地下硐室开挖进行相似模型试验的研究,研究分为有、无衬砌,完整与节理岩体等多种情况;Zou、Gasc-Barbier、Li 和 Xu 等[82-85]将岩石试验成果及相似模型试验法用于大跨度硐室研究中,发表了各自在岩石物理模拟试验方面的成果;Kulatilake 等[86]研究了节理岩体在单轴压缩下的物理模型试验;Khosrow Bakhtar[87]研究了在爆破荷载作用下节理岩体的物理模型试验;R.Castro、R.Trueman 和 A. Halim[88]对矿井的分块崩塌开采法进行了大型三维物理模型试验研究;Jong-ho Shin、M.A.Meguid 等[89-90]分别对复杂条件下的隧道开挖进行了物理模型试验研究;Kittitep Fuenkajorn 和 Decho Phueakphum[91]对交叉浅埋隧道开展了静力及循环荷载作用下的物理模型试验研究,结果表明跨度降低后,循环荷载对围岩的影响急剧降低。以上是国际上有关地下硐室模型试验的研究情况。

李仲奎等[92-96]设计了大型地下硐室群三维地质力学模型,并联合清华大学机械系研究了隐蔽自动开挖模拟系统,自动模拟系统包括隐蔽开挖中的定位、旋转开挖和内部窥视等细节,通过试验验证了三维地质模型试验中采用自动隐蔽开挖交叉硐室的可行性,实现了地下硐室群模型试验的施工过程模拟。李勇等[97]、张强勇等[98]在地下分岔隧道三维地质力学模型试验研究中,使用铁粉、重晶石粉等材料配制成与原型堆密度完全相等的相似材料,模型中埋设了应变砖、光纤等传感器元件,测试数据表明分岔隧道之间相互影响,开挖对掌子面前方围岩的影响范围是硐径的 3～5 倍,开挖过程中需要合理控制左右硐室的循环进尺。

以上国内外隧硐物理模型试验一般针对浅部地层隧道,国内在水利硐室方面有深部地层的物理模型试验,但是与煤矿硐室的地质条件有较大差别,借鉴意义不大。

### 1.2.2.3 现场工程试验和监测

Y.Yoshida 等[99]通过钻孔电视成像技术观察大型地下硐室开挖后围岩体的不连续性,围岩应力和位移观测结果与钻孔成像的分析结果相吻合;1996 年 A. Hojo 等[100]研究了韩国储油地下马头门的设计和施工,采用预注浆技术增强油库的围岩稳定性,并防止石油通过围岩发生泄漏。J.Zhao[101]研究了新加坡中北部地下花岗岩岩层中大型硐室的开挖特性,使用地震波法、电法、钻孔水力压裂测试等研究手段分析得出硐室围岩的基本力学特性。R. Sturk 等[102]研究了津巴布韦一处燃油地下储存室的设计和施工方法,重点关注了围岩的水文地质条件和变形机理。2003 年,Toshio Maejima 等[103]使用及时反馈的监测—设计—施工方法,保证了地下硐室的顺利开挖和支护体系的最优化,施工过程中通过监测松动圈的变形,判断支护结构的受力,并预测下一步施工的安全状态,给出了一种基于监测的松动圈评价方法,并应用到了施工当中。E.Broth 等[104]研究了挪威的一处山体内大型硐室,跨度达到 61 m,结合监测结果对工程的安全状态进行了评价。2003 年 Masanobu Tezuka 等[105]介绍了日本地下大型硐室支护的最新技术,将技术总结为五个步骤:地质勘查、硐室稳定性分析、初期硐室支护设计、开挖施工、根据支护结构监测结果的重设计。G.R. Adhikari

等[106]研究了水电站大型地下马头门爆破开挖后岩石的力学性能,评价了不同开挖阶段的爆破效果。

王桦等[107]提出基于高密度电阻率法的深部地下硐室围岩松动圈测试技术方法,研究发现地下硐室开挖与支护后,其围岩的变形程度与导电性的大小有对应关联,处于弹性变形状态的围岩,其导电性相对较大(即岩体电阻率较小);处于塑性变形状态的围岩,其导电性会随着开挖而显著地减弱(即电阻率增大)。黎明镜等[108]通过现场实测获得了深部矿井中央水泵房及相关硐室衬砌结构内力和变形的实时分布规律,并分析了吸水井、配水井及配水巷的掘进施工对水泵房硐室衬砌结构的扰动影响;基于实时受力特性分析,有针对性地对围岩与支护结构进行及时加固。左飞[109]结合望峰岗煤矿−960 m水泵房现场实测数据,分析了水泵房地下硐室的实际受力情况、围岩的变形特征和支护结构的工作压力及变化规律等,测试结果对支护设计方案优化和施工优化具有参考意义。

### 1.2.3 控制技术

国内外地下硐室支护控制技术研究主要集中在施工顺序、施工工艺和支护结构优化等方面。

国外,乌克兰建井专家在总结克里沃罗日斯克、顿涅茨克和库兹涅茨克等煤矿马头门施工经验的基础上,提出了马头门与立井井筒同步开挖的施工工艺,但只是针对马头门施工单一工序,并没有对煤矿马头门整个系统施工工艺进行优化,研究缺乏系统性,应用价值有限。波兰布多科普矿井建设研究和发展中心提出了一种钢制框架马头门结构,并应用于波兰8个煤矿井筒连接处的马头门,取得了较好的支护效果,虽然该种支护结构具有承载力高的优点,但是其存在加工精度要求高、架设难度大、施工速度慢、造价昂贵等缺点,不适合我国国情,难以推广应用。

国内,汪易森、刘斯宏[110]结合天荒坪抽水蓄能电站地下厂房硐室群施工过程,模拟实际采用的"平面多工序、立体多层次"的施工顺序,考虑了硐室群开挖过程中的相互影响,进行三维硐室群的预测解析,对原设计支护参数进行了修正,对一些重点施工支护部位进行适时加固。江权等[111]针对高地应力下硐室群岩体力学参数,提出基于松动圈-位移增量监测信息的智能反分析方法,建立硐室表面位移增量-围岩松动圈深度的关联函数,利用进化神经网络-遗传算法,反演围岩力学参数的数值。黄凤辉等[112]通过在会泽铅锌矿2号盲竖井井口硐室群的施工中划分施工单元,尽量实行平行作业,缩短工期;天轮硐室断面大,采用中央上下导硐法施工;整个硐室群砌壁施工使用满堂脚手架支撑模板,兼作操作平台;各种施工措施有效地保证了盲竖井硐室群掘砌施工的质量。文俊杰等[113-115]在大朝山水电站地下厂房硐室群立体开挖施工过程中,采用"竖向多层次、平面多工序"的立体开挖方案,确保了地下厂房硐室群开挖期间整体稳定,开挖工期提前近5个月。王仁坤等[116]在超大型地下硐室群合理布置及围岩稳定研究中,在初始地应力场的分析、地下硐室群合理布置、围岩稳定与支护方式、渗流控制与优化、合理施工顺序、施工系统仿真与进度及硐室结构抗震稳定性等方面进行了深入的研究,对超大型水电站地下硐室群的设计给出了积极的建议。

由于工程地质条件复杂且煤炭开采深度的不断加大,在建和运营的煤矿深立井马头门出现不同程度破坏的现象时有发生,严重威胁矿井安全生产。国内有关专家和工程技术人员开展了相关研究,取得了系列研究成果。

刘业献等[117]讨论了唐口煤矿千米埋深岩层中大跨度硐室群施工技术,从增大围岩变形宽裕度、提高支护结构强度、充分发挥自承能力等几个方面入手,在找准围岩松动屈服时间节点的基础上,采用主动支护与被动支护相结合的方法,利用复合支护以及壁后注浆等方法对煤仓马头门的变形与位移进行控制。罗国永[118]简要介绍了星村煤矿井筒与马头门整体施工方案、施工方法、施工技术措施及施工效果。于景泉[119]总结了开滦集团唐山矿业分公司中央水泵房马头门破坏后的综合治理实践,提出新的支护及设计方案。孙豁然等[120]研究了南芬露天矿一号驱动站大硐室支护设计和施工方案,利用遗传神经网络方法对硐室变形与位移观测值进行了分析,预测了后续开挖围岩位移演化规律,并将观测数据与预测的结果进行了对比,研究结果对于开挖步序调整、支护方式优选具有重要参考价值。李付海等[121]针对蒋庄矿马头门围岩破碎的特点,采用全锚喷二次支护技术,有效地对硐室围岩进行了支护。任冶章[122]采用三维弹塑性数值分析的方法,研究了工程上常见的“先墙后拱”“先拱后墙”“两侧导硐分步开挖”等几种巷道开挖方法对马头门围岩变形和位移的影响,研究成果为马头门开挖时选择合理施工方案提供了帮助。

程桦等[123-124]建立了煤矿深立井连接硐室群的三维数值计算模型,采用广义的 Hoek-Brown 准则估算了煤矿深部岩体的物理力学参数,运用动态规划理论,将软件分析得到的围岩破损区体积作为收益函数,同时考虑硐室群实际施工条件约束和经济条件,得到了煤矿深埋硐室群的最佳施工顺序;通过数值模拟优化了硐室群的支护结构设计方案,采用深浅孔滞后注浆技术对硐室围岩做进一步加固。姚直书等[125]分析了岩层松软且自稳性较差的潘一矿二副井深井马头门的受力机理,提出在马头门上部连接井壁支护结构中设置单锥形大壁座,采用受力性能较好的 SFRC50 钢纤维混凝土,工程实践和马头门支护结构受力测试结果表明,马头门新型支护结构受力稳定、安全可靠。姜玉松[126]从井筒类别、地质特征、埋藏深度、破坏时间、破坏形态等方面,对煤矿井底车场与井筒连接处破坏规律进行了总结分析;同时从地质条件、设计和施工三个方面对马头门的破坏原因进行了探讨,对所使用修复加固方法进行了归纳,他认为要避免马头门的破坏和损伤,思想上必须重视,在设计和施工中要加强预测和预防。徐颖等[127-131]为控制煤矿井下硐室爆破施工时对围岩承载能力的削弱,提出多打周边眼少装药的光面爆破、微延时爆破和中空掏槽爆破等多项控制技术;同时针对工作面地质条件,获得了掘进爆破对硐室围岩及支护结构的振动衰减规律和频率影响特征,测算出爆心至保护硐室间距条件下所容许的最大药量公式。结合煤矿中央变电所硐室变形破坏的实际情况,张恒亮等[132]、高延辉和庞建勇[133]分析了煤矿硐室变形破坏的主要原因,提出了全断面注浆加固硐室、采用深孔锚索注浆加固底板的修复方案;现场测试表明,采用的治理措施加固软弱破碎、穿越断层地下硐室的效果较为明显。焦金宝、张华磊[134]针对国投新集公司刘庄矿西区马头门围岩的变形情况,在分析硐室破坏原因及控制技术的基础上,对井底车场硐室采用注浆、内锚外架、反底拱、防炮震等施工工艺,有效控制了煤矿硐室的变形及位移,保持了巷道围岩的稳定,解决了刘庄煤矿西区等候硐室的安全问题。

总之,国外对于深部交叉大硐室的研究主要集中于水利电站、油气储库和隧道交叉点等地下大型硐室,这些硐室里具有硐室空间大、埋设较浅、岩性较好的特点,对于煤矿深部地层软岩大型马头门的支护技术研究较少。

在2000年以前,国内研究重点主要是600 m以下的矿井马头门、水泵房和变电所等主要大硐室的支护技术方面,由于这类硐室埋深浅、地压小、工程地质条件相对简单,多采用单一的常规复合支护技术实现马头门围岩稳定,研究内容比较局限,缺乏从煤矿深立井马头门围岩稳定分析、设计方法、支护结构和施工工艺等方面开展的系统深入研究。600 m以上地层的岩性、地压等自然因素与浅层差别较大,工程因素引发的马头门围岩变形规律有别于浅立井,采用单一的技术难以保证马头门围岩稳定。

# 1.3 主要研究内容与方法

随着我国煤炭开采深度的不断加大,矿井多呈现出工程地质条件复杂、地压大等特点;由于深立井马头门位处矿井咽喉部位,设计断面大,在施工过程中,围岩反复受到扰动。因此,深立井马头门破坏的现象时有发生,严重影响围岩稳定性和支护结构安全。针对上述技术难题,本书研究注重基础性、突出实用性、坚持自主创新的原则,以确保深立井马头门围岩稳定和支护结构安全为目的,采用理论分析、物理模拟和现场实测相结合的研究方法,系统地开展了深立井马头门围岩历时稳定性、控制技术与应用等方面的研究。

## 1.3.1 研究内容

(1) 深部马头门岩石蠕变力学特性研究

引入非线性黏塑性元件组合,并与线性伯格斯模型串联,提出变参数非线性黏弹塑性伯格斯蠕变本构模型,表征深部地层砂质泥岩在破裂应力水平下的蠕变力学行为。

(2) 深部地层井筒连接硐室的历时稳定性分析

通过揭示煤矿深立井马头门围岩历时应力与变形发展规律,发现开挖过程中马头门围岩变形破坏的主要影响因素,为煤矿深立井马头门围岩稳定性控制提供了理论基础。

（3）煤矿深部地层井筒马头门模型试验

通过试验优化选择相似模型材料,创新煤矿深立井马头门模型试验分步开挖方法,研究不同开挖分步下马头门模型围岩的应力与位移变形规律,综合运用多种探测手段,在深立井马头门模型中相互验证分析结果。

（4）深部煤矿马头门围岩控制技术研究

提出煤矿深立井马头门围岩支护结构优化设计方法,针对不同深度、岩性、断面尺寸等综合影响因素,提出系列深部马头门变形控制技术,确立合理支护参数与时机,减小围岩变形,减小围岩破坏。

（5）马头门支护技术的工程应用

应用优化后的深立井马头门支护结构,通过监测潘一矿东区副井马头门和望峰岗矿第二副井马头门在施工后的安全可靠度,验证马头门支护优化方案的可靠性。

### 1.3.2　研究方法与技术路线

针对研究过程中遇到的系列问题,通过创新研究思想、研究方法和技术途径,破解我国煤矿深部地层井筒马头门的支护难题,具体的研究方案如下:

（1）数值计算

针对以往相关数值分析没有全面考虑岩性、时间历程、开挖顺序等因素的现状,建立三维大型有限元计算模型,通过大型数值计算软件提供的 UMAT 子程序,二次开发嵌入变参数非线性蠕变本构模型,通过分析数值计算结果,多角度历时分析煤矿深立井马头门围岩稳定性。

（2）物理模型试验

物理模型试验是研究复杂工程问题的重要手段,针对深立井马头门施工过程中其衬砌结构受力和围岩变形特点,研制大型三维物理模型试验装置;首次采用光纤、电法和电阻式传感器等联合测试系统,得到煤矿深井马头门及连接硐室在开挖过程中的应力场、位移场和松动范围变化规律。

（3）围岩变形控制技术研究

依据模型试验、现场实测和数值计算结果,提出深立井马头门支护结构优化设计方法与围岩变形控制技术,减小马头门在施工过程中的变形。

（4）工程应用

综合模型试验与数值模拟分析结论,根据马头门地质特征和现场条件,进行深部地层井筒连接处控制技术的应用,形成一套合理可行的深立井马头门围岩支护控制技术。

研究采用的技术路线如图1-3所示。

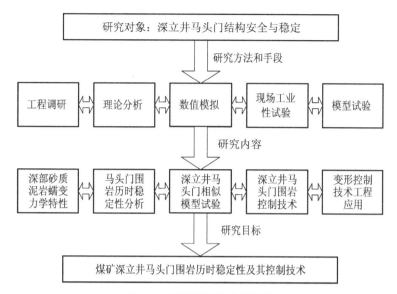

**图 1-3 研究采用的技术路线**

# 2 煤矿深部地层岩石蠕变试验研究

## 2.1 概　述

岩石的蠕变是指在长时间差异荷载、温度等因素作用下自身的应变随时间推移而增大的物理现象。它包含稳定蠕变和非稳定蠕变,后者又分为典型的蠕变和加速蠕变。岩石的变形特征与其受力状态和赋存条件有关,表现为弹性、塑性和蠕变变形等。为了研究这些变形特性,将介质理想化并推导为各种本构模型,本构模型由基本模型组合而成,这些基本模型称为元件,元件的组合方式有串联、并联、串并联和并串联等。

试验法及模型法是两种常见的岩石蠕变研究手段。试验法通过拟合试验后的回归曲线,得到岩石蠕变的一系列经验公式,常见为幂函数型、对数型以及指数型三种。模型法将刚性体(R)、弹性体(E)、塑性体(P)和黏性体(S)四种变形元件通过串并联方式组合起来表征岩石材料特性,能够简单明了地反映岩石蠕变机制。相对而言试验法有一定局限,常反映的是特定应力路径下岩石的蠕变特性。科研工作者们提出的模型有很多种,其中麦克斯韦模型(M)、广义开尔文模型(K)、黏塑性模型(PS)、伯格斯模型(Bu)、宾汉姆模型(B)、西原体模型应用比较广泛(图 2-1)。

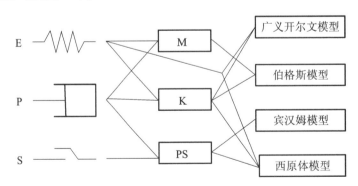

**图 2-1　基本元件及常见蠕变模型关系简图**

岩石蠕变研究的常见方法是结合蠕变破坏的机理,提出蠕变的本构模型,在实验室进行岩石蠕变试验得到经验公式中的关键参数,最后将模型应用到实际问题当中。

但是,图 2-1 所示的经典蠕变元件模型不能很好地描述岩石蠕变第三阶段,因为它们是由线性基本元件组合而成,无法描述岩石的非线性加速蠕变阶段。软岩就具有很明显的加速蠕变特征。近年学者们对非线性蠕变模型进行了很多有益的探索,改进模型参数和建立新元件去揭示蠕变机制,或引入损伤理论解释岩石蠕变的加速阶段。

## 2.2 砂质泥岩三轴蠕变试验

### 2.2.1 主要试验设备

(1) 岩石取芯机和岩石切割机

岩石取芯机具有较高自动化程度,可以平稳钻削原岩试块,钻孔速度:400 r/min 和 900 r/min,采用自来水冷却岩屑。如图 2-2(a)所示,该设备主要由立柱、工作台、底座和机械控制等几部分组成,配有台虎式夹持装置,摇臂手动升降。该设备主要用于钻取 $\phi50$ mm 圆柱岩石岩芯,最大取样深度 700 mm。岩石切割机通常和取芯机配套使用,可用于切割或修剪各种大小的圆形或方形的样品,如图 2-2(b)所示。切割圆盘循环冷却水由水泵机提供,仪器共有两组夹具,该设备可平行地切割岩芯的两侧,对于不规则的岩样,通过夹具同样可以切割。

（a）　　　　　　　　　　　　　（b）

**图 2-2　岩石取芯机和岩石切割机**

(2) ZYSS2000 岩石高温高压蠕变仪

该设备配置 DOLI 公司原装进口 EDC 全数字控制器、伺服阀、岩石引伸计、升温加热系统、孔隙水压系统、围压系统、声波分析系统和计算机控制系统,如图 2-3 所示。该设备可以可靠地完成压缩试验(单轴全应力-应变曲线)、岩石单轴蠕变和松弛试验,不同围压下三轴压缩试验(三轴全应力-应变曲线)、三轴蠕变、松弛试验,岩石高温下三轴试验、三轴岩水耦合蠕变、松弛试验等多种环境和条件下的多项试验。在试验中可以实时显示轴向试验力、围压、轴向变形、径向变形、孔隙水压、孔隙水流量、温度等试验参数,可以实时显示多种试验曲线,实时存储试验数据,计算试验结果(抗压强度、泊松比、弹性模量、剪切强度)及多通道曲线等,是目前岩石试验领域最先进的设备。该设备相关试验参数如表 2-1 所示。

（a）　　　　　　　　　　　　（b）

**图 2-3　ZYSS2000 岩石高温高压蠕变仪**

**表 2-1　ZYSS2000 岩石高温高压蠕变仪相关试验参数表**

| 项目 | ZYSS2000 |
|---|---|
| 最大轴向力/kN | 2000 |
| 最大围压/MPa | 60 |
| 最大孔隙水压/MPa | 30 |
| 孔隙水流量/(mL/min) | 0～100 |
| 变形测量范围/mm | 0～5(轴向);0～2.5(径向) |
| 试验力测量精度 | ±1% |
| 围压测量精度 | ±2% |
| 孔隙水压测量精度 | ±2% |
| 变形测量精度 | ±1% |
| 试验力分辨率 | 20 N |

| 项目 | ZYSS2000 |
|---|---|
| 围压分辨率 | 0.1 MPa |
| 孔隙水压分辨率 | 0.1 MPa |
| 水流量分辨率 | 0.01 mL |
| 变形分辨率 | 0.001 mm |
| 加载速度范围 | 满度/60～100000 MPa/s |
| 温度控制范围 | −40～100 ℃ |
| 压力室内净空间 | $\phi$140 mm×200 mm |

## 2.2.2 三轴蠕变试验过程

为充分了解砂质泥岩各级荷载作用下的蠕变特征,设计对其进行分级加载的三轴蠕变试验。试验仪器采用 ZYSS2000 岩石高温高压蠕变仪,该设备提供的最大轴向力为 2000 kN,最大围压为 60 MPa。试验过程中荷载误差不超过 200 N,仅为最大加载轴向力的 0.01%。

试验过程中围压取值为 2 MPa,轴压则为 2～16.1 MPa,试样取自潘一矿东区马头门深部地层的砂质泥岩,采用实验室套钻取芯,并对试件断面进行切割、磨平处理。试样共计 12 个,为 $\phi$50 mm×100 mm 的标准圆柱形试件,加工好后,对试样进行恒载蠕变试验,如图 2-4 所示。

**图 2-4 马头门砂质泥岩蠕变试件**

岩石压缩蠕变试验分为单轴压缩蠕变试验与三轴压缩蠕变试验。

（1）单轴压缩蠕变试验

单轴压缩蠕变试验步骤为：将试样放置在实验台上并安装好引伸计，按 0.05 MPa/s 的加载速率加载到设定的每一级荷载，保持应力不变持续数小时。

（2）三轴压缩蠕变试验

三轴压缩蠕变试验程序为：

① 试验前先将试件与上、下垫块安装在同一条轴线上，外套热缩护套。经 2000 W 电吹风均匀热烘数分钟后使热缩护套收缩与试件和垫块密贴，垫块与热缩护套之间用"O"形圈密封，并用钢丝圈拧紧"O"形圈密封的两侧。

② 将装好引伸计的岩样放入岩石蠕变仪的自平衡三轴压力室中，并调整好中心位置，使岩样的轴线与试验机加载中心线重合，避免偏心受压造成岩石加载的非均匀性，从而影响岩石蠕变试验结果。

③ 按 0.05 MPa/s 的加载速率施加围压至预定值，等待变形稳定后，按同样的速率施加轴向偏应力至设定分级的应力水平，此时，保持岩样轴向偏应力不变，测量并记录岩样轴向应变与时间的关系和各级偏应力水平的持续时间（根据试样的应变速率或应变速率变化情况予以确定，但尽量使之等同）；当变形稳定后进入下一级应力水平的试验，直至试验完成为止。

④ 取出岩样，整理试验数据。

试件的固定与引伸计的安装如图 2-5 所示。

（a）                （b）

**图 2-5　试件的固定与引伸计的安装**

（a）试件的固定；（b）引伸计的安装

采用分级加载方法进行蠕变试验。试验中油泵提供的围压设置为 2 MPa，将该围压下常规三轴压缩试验获得的试样极限抗压强度的 80% 作为施加的最大荷载（14 MPa），将最大荷载由小到大共分为 4 级，逐级施加在岩石试件上。

## 2.3 砂质泥岩变参数非线性蠕变本构模型

### 2.3.1 线性伯格斯模型[135]

伯格斯模型由麦克斯韦（M）体与开尔文（K）体串联而成，如图 2-6 所示，它是一种组合黏弹性体，当轴压小于破裂应力水平时，砂质泥岩的蠕变具有明显的黏弹性特征。线性伯格斯模型简单、参数较少，它可以描述岩石衰减蠕变和稳定蠕变过程的变形曲线。因此，可采用线性伯格斯模型来表征砂质泥岩的蠕变第一和第二阶段变形特性并辨识确定模型参数。

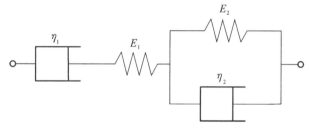

**图 2-6　伯格斯模型结构**

设 $\varepsilon_1$ 和 $\varepsilon_2$ 为麦克斯韦体和开尔文体的应变，麦克斯韦体和开尔文体串联后总的应变为两者之和，应力不变，则有：

$$\varepsilon = \varepsilon_1 + \varepsilon_2, \quad \sigma = \sigma_1 + \sigma_2$$

$$\dot{\varepsilon}_1 = \frac{\sigma}{\eta_1} + \frac{\dot{\sigma}}{E_1}, \quad \sigma_2 = E_2 \varepsilon_2 + \eta_2 \dot{\varepsilon}_2$$

式中　$\sigma$——伯格斯模型关于时间 $t$ 的应力函数；

　　　$\sigma_1$——麦克斯韦体关于时间 $t$ 的应力函数；

　　　$\sigma_2$——开尔文体关于时间 $t$ 的应力函数；

　　　$\dot{\sigma}$——伯格斯模型关于时间 $t$ 的应力函数的一阶导；

　　　$\varepsilon$——伯格斯模型关于时间 $t$ 的应变函数；

　　　$\varepsilon_1$——麦克斯韦体关于时间 $t$ 的应变函数；

　　　$\varepsilon_2$——开尔文体关于时间 $t$ 的应变函数；

　　　$\dot{\varepsilon}_1$——麦克斯韦体关于时间 $t$ 的应变函数的一阶导；

　　　$\dot{\varepsilon}_2$——开尔文体关于时间 $t$ 的应变函数的一阶导；

　　　$E_1$，$E_2$——弹性模量，Pa；

　　　$\eta_1$，$\eta_2$——黏性模量，Pa。

在上述方程组中消去 $\varepsilon_1$ 和 $\varepsilon_2$，得到伯格斯模型的蠕变本构关系：

$$\sigma + \left( \frac{\eta_1}{E_1} + \frac{\eta_1 + \eta_2}{E_2} \right) \dot{\sigma} + \frac{\eta_1 \eta_2}{E_1 E_2} \ddot{\sigma} = \eta_1 \dot{\varepsilon} + \frac{\eta_1 \eta_2}{E_2} \ddot{\varepsilon} \qquad (2\text{-}1)$$

式中　$\ddot{\sigma}$ ——伯格斯模型关于时间 $t$ 的应力函数的二阶导；

　　　$\dot{\varepsilon}$ ——伯格斯模型关于时间 $t$ 的应变函数的一阶导；

　　　$\ddot{\varepsilon}$ ——伯格斯模型关于时间 $t$ 的应变函数的二阶导。

令

$$p_1 = \frac{\eta_1}{E_1} + \frac{\eta_1 + \eta_2}{E_2}, \quad p_2 = \frac{\eta_1 \eta_2}{E_1 E_2}, \quad q_1 = \eta_1, \quad q_2 = \frac{\eta_1 \eta_2}{E_2}$$

则有：

$$\sigma + p_1 \dot{\sigma} + p_2 \ddot{\sigma} = q_1 \dot{\varepsilon} + q_2 \ddot{\varepsilon} \qquad (2\text{-}2)$$

式中，$p_1$、$p_2$、$q_1$、$q_2$ 均为参数。

三维张量方程为：

$$S' + p_1 \dot{S}' + p_2 \ddot{S}' = 2q_1 \dot{e}' + 2q_2 \ddot{e}' \qquad (2\text{-}3)$$

式中　$S'$ ——应力，Pa；

　　　$e'$ ——应变。

式(2-1)、式(2-2)、式(2-3)是伯格斯模型本构方程式的不同表达形式。

线性伯格斯模型的蠕变方程：

已知应力条件 $S' = S_0' = $ 恒量，初始条件：

$$t^* = 0, \quad e' = e_0' = \frac{S_0'}{2E_1}$$

式中　$t^*$ ——初始时刻，s；

　　　$S_0'$ ——初始应力，Pa；

　　　$e_0'$ ——初始应变。

引入阶梯函数 $\Delta(t)$，应用拉普拉斯变换进行蠕变方程的推导：

$$\Delta(t) = \begin{cases} 0 \ (t < 0) \\ 1 \ (t > 0) \end{cases} \qquad (2\text{-}4)$$

$$S' = S_0' \Delta(t) \qquad (2\text{-}5)$$

应力 $S'$ 及其一阶导数和二阶导数的拉普拉斯变换为：

$$\left. \begin{aligned} \overline{S}' &= S_0'/s \\ \overline{\dot{S}}' &= s\,\overline{S}' - S'(0) = s\,\frac{S_0'}{s} - 0 = S_0' \\ \overline{\ddot{S}}' &= s^2\,\overline{S}' - sS'(0) - \dot{S}'(0) = sS_0' \end{aligned} \right\} \qquad (2\text{-}6)$$

应变 $e'$ 的一阶导数和二阶导数的拉普拉斯变换为：

$$\left. \begin{aligned} \overline{\dot{e}}' &= s\,\overline{e}' - e'(0) = s\,\overline{e}' \\ \overline{\ddot{e}}' &= s^2\,\overline{e}' - se'(0) - \dot{e}'(0) = s^2\,\overline{e}' \end{aligned} \right\} \qquad (2\text{-}7)$$

对伯格斯模型三维本构方程式(2-3)进行拉普拉斯变换:

$$\frac{S_0'}{s} + p_1 S_0' + p_2 s S_0' = 2q_1 s\,\bar{e}' + 2q_2 s^2\,\bar{e}' \tag{2-8}$$

将式(2-6)、式(2-7)代入式(2-8),可得:

$$\bar{e}' = \frac{S_0'}{2}\left[\frac{1}{s^2(q_1+q_2s)} + \frac{p_1}{s(q_1+q_2s)} + \frac{p_2}{q_1+q_2s}\right] \tag{2-9}$$

拉普拉斯函数重要的基本变换对,见表2-2。

表 2-2　拉普拉斯函数重要的基本变换对

| 序号 | $f(t)$ | $L$ |
|:---:|:---:|:---:|
| 1 | $1$ | $\dfrac{1}{s}$ |
| 2 | $t$ | $\dfrac{1}{s^2}$ |
| 3 | $\mathrm{e}^{-at}$ | $\dfrac{1}{s+a}$ |
| 4 | $\dfrac{1-\mathrm{e}^{-at}}{a}$ | $\dfrac{1}{s(s+a)}$ |
| 5 | $\sin wt$ | $\dfrac{w}{s^2+w^2}$ |
| 6 | $\cos wt$ | $\dfrac{s}{s^2+w^2}$ |

假设 $a = \dfrac{q_1}{q_2}$,查表2-2则有:

$$L^{-1}\left(\frac{1}{s}\right) = 1, \quad L^{-1}\left(\frac{1}{s+a}\right) = \mathrm{e}^{-at} \tag{2-10}$$

$$L^{-1}\left[\frac{1}{s(s+a)}\right] = \frac{1}{a}(1-\mathrm{e}^{-at}) \tag{2-11}$$

式中　$L^{-1}$——拉普拉斯逆函数;

　　　$a,s$——参数。

将式(2-10)、式(2-11)代入式(2-9),可得:

$$e' = \frac{S_0'}{2}\left\{\frac{t}{q_1} - \frac{q_2}{q_1}\left[1-\exp\left(-\frac{q_1}{q_2}\right)t\right] + \frac{p_1}{q_1}\left[1-\exp\left(-\frac{q_1}{q_2}\right)t\right] + \frac{p_2}{q_2}\left[1-\exp\left(-\frac{q_1}{q_2}\right)t\right]\right\} \tag{2-12}$$

将 $p_1$、$p_2$、$q_1$、$q_2$ 代入式(2-12)后得到:

$$e' = \frac{S_0'}{2E_1} + \frac{S_0'}{2\eta_1}t + \frac{S_0'}{2E_2}\left[1-\exp\left(-\frac{E_2}{\eta_2}t\right)\right] \tag{2-13}$$

式(2-13)即为线性伯格斯模型的蠕变方程。

### 2.3.2 变参数非线性伯格斯模型

线性伯格斯模型可以较好地描述岩石在低于破裂应力水平下的弹性应变、衰减蠕变和稳态蠕变三部分变形量,但是该模型无法表征岩石加速蠕变阶段的变化规律,而加速蠕变是岩石破坏失稳的关键阶段,往往也是岩石地下工程设计时参考的对象。因此,砂质泥岩加速蠕变阶段的非线性力学特征需要展开重点研究。

为描述岩石蠕变第三阶段加速变形的力学特征,将非线性黏性元件与塑性元件并联,得到一个表征破裂应力水平以上触发的变参数非线性黏塑性元件组合,如图 2-7 所示。

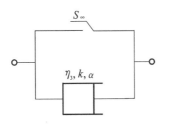

图 2-7  变参数非线性黏塑性元件组合

该变参数非线性黏塑性元件组合在恒定应力 $S_0$ 作用下的蠕变方程为:

$$e' = \frac{H(S_0 - S_\infty)\alpha k^t}{2\eta_3} \qquad (2-14)$$

式中   $\alpha, k, \eta_3$ ——非线性蠕变参数,由试验数据辨识确定;

$S_\infty$ ——破裂应力水平阈值;

$H(S_0 - S_\infty)$ ——阶跃函数,其表达式为:

$$H(S_0 - S_\infty) = \begin{cases} 0 & (S_0 < S_\infty) \\ S_0 - S_\infty & (S_0 \geqslant S_\infty) \end{cases} \qquad (2-15)$$

将该变参数非线性黏塑性元件组合串联叠加在线性伯格斯模型上,构建成变参数非线性黏弹塑性伯格斯模型。如图 2-8 所示,该模型可以较完整地表征深部地层砂质泥岩的全蠕变曲线(图中 $G_1$、$G_2$ 表示弹性模量)。

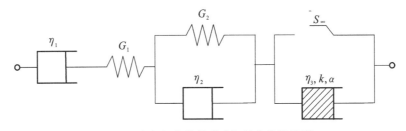

图 2-8  变参数非线性黏弹塑性伯格斯模型

在恒定应力 $S_0$ 作用下,变参数非线性黏弹塑性伯格斯模型满足下述关系:

(1) 在岩石蠕变第一和第二阶段,$S_0 < S_\infty$,施加的偏应力低于岩石的破裂应力水平,变参数非线性黏塑性元件组合不发挥作用,变参数非线性黏弹塑性伯格斯模型退化为线性伯格斯模型,蠕变方程为式(2-13)。

（2）当岩石进入蠕变第三阶段，即加速变形阶段，$S_0 \geqslant S_\infty$，施加的偏应力高于岩石的破裂应力水平，变参数非线性黏塑性元件组合发挥作用，该模型即为变参数非线性黏弹塑性伯格斯模型，它的蠕变方程为：

$$e' = \frac{S_{ij}}{2E_1} + \frac{S_{ij}}{2\eta_1}t + \frac{S_{ij}}{2E_2}\left[1 - \exp\left(-\frac{E_2}{\eta_2}t\right)\right] + \frac{H(S_0 - S_\infty)\alpha k^t}{2\eta_3} \tag{2-16}$$

### 2.3.3　蠕变模型参数辨识方法

常见蠕变模型参数的辨识方法有最小二乘法、柯西-牛顿优化算法和莱芬博格-马奎特非线性优化最小二乘法。当目标函数为非线性函数时，采用最小二乘法求目标函数的待定系数时不能直接得出，需要设定初始值并反复迭代，逐步求解。而柯西-牛顿优化算法具有二次终止性、整体收敛性和超线性收敛性，算法的收敛速度比一般的线性收敛梯度下降法快。在实际计算过程中该算法对误差过于敏感，参数变化区间过大。

莱芬博格-马奎特非线性优化最小二乘法是一种能有效处理冗余参数的非线性优化算法，它属于利用梯度求最大（小）值的算法，本质上是在迭代过程中把原问题化为多个信赖域来求解。其非线性关系的一般形式为：

$$y = f(x, d) \tag{2-17}$$

其中，$f$ 为已知非线性函数；$x = (x_1, x_2, \cdots, x_m)$ 为自变量向量；未知参数向量 $d = (d_1, d_2, \cdots, d_n)$。设对 $x$ 和 $y$ 进行 $p$ 次观察，得到 $p$ 组数据 $X$ 和 $Y$，那么残差函数 $e$ 为：

$$e = \sum_{i=1}^{p}[Y_i - f(x_i, d)]^2 \tag{2-18}$$

该算法的核心就是求出一组 $d$，使 $e$ 最小化。若第 $k$ 次迭代结果为 $d^{(k)}$，则将 $f(x, d)$ 在 $d^{(k)}$ 附近的一阶近似表示为：

$$f(d^{(k)} + \delta^{(k)}) \approx f(x, d^{(k)}) + A^{(k)}\delta^{(k)} \tag{2-19}$$

其中：

$$A^{(k)} = \left[\frac{\partial f(x, d)}{\partial d_j}\right]_{d=d^{(k)}}, j = 1, 2, \cdots, n \tag{2-20}$$

然后找寻下一个迭代点：

$$d^{(k+1)} = d^{(k)} + \delta^{(k)} \tag{2-21}$$

满足下述关系式：

$$\|y - f(x, b^{(k+1)})\| = \min_{\delta^{(k)}}\|A^{(k)}\delta^{(k)} - e^{(k)}\| \tag{2-22}$$

即在已知 $A^{(k)}$ 和 $e^{(k)}$ 的情况下求解线性方程组 $A^{(k)}\delta^{(k)} = e^{(k)}$，其最小二乘解为：

$$\delta_{LS}^{(k)} = [(A^{(k)})'A^{(k)}]^{-1}(A^{(k)})'e^{(k)} \tag{2-23}$$

对于莱芬博格-马奎特算法，则用 $(A^{(k)})'A^{(k)} + \lambda^{(k)}I$ 代替 $(A^{(k)})'A^{(k)}$，有：

$$\delta_{LM}^{(k)} = [(A^{(k)})'A^{(k)} + \lambda^{(k)}I]^{-1}(A^{(k)})'e^{(k)} \tag{2-24}$$

其中，$\lambda^{(k)}$、$\lambda^{(k)}I$ 分别被称为阻尼因子和阻尼项。相对于最小二乘法，莱芬博格-马奎特算法克服了系数矩阵奇异或病态时导致的异常情况。该算法的方便之处还包括当 $\lambda^{(k)} = 0$ 时，算法变为柯西-牛顿优化算法的最优步长计算；当 $\lambda^{(k)} \to \infty$ 时，算法变为梯度下降法的最优步长计算。

### 2.3.4 蠕变模型参数的辨识与验证

#### 2.3.4.1 线性伯格斯模型参数辨识与验证

对照式(2-13)，采用莱芬博格-马奎特算法对砂质泥岩的蠕变变形试验曲线分别进行辨识，表2-3所示为辨识得到的线性模型参数的 $E_1$、$E_2$、$\eta_1$ 和 $\eta_2$。

**表 2-3  辨识得到的线性与非线性伯格斯模型参数**

| $(\sigma_1 - \sigma_3)/\text{MPa}$ | 4.0 | 8.0 | 12.0 | 14.1 |
|---|---|---|---|---|
| $E_1/\text{MPa}$ | 7.236 | 12.458 | 16.416 | 17.542 |
| $E_2/\text{MPa}$ | 31.427 | 73.251 | 79.055 | 65.273 |
| $\eta_1/(\text{GPa} \cdot \text{h})$ | 28.372 | 20.634 | 14.125 | 11.374 |
| $\eta_2/(\text{MPa} \cdot \text{h})$ | 12.179 | 17.422 | 23.038 | 26.532 |
| $\eta_3/(\text{MPa} \cdot \text{h})$ | — | — | — | 2.166 |
| $\alpha$ | — | — | — | 1.081 |
| $k$ | — | — | — | 1.074 |

将 $E_1$、$E_2$、$\eta_1$ 和 $\eta_2$ 模型参数代入式(2-13)，得到砂质泥岩线性伯格斯模型蠕变拟合曲线。对比线性伯格斯模型拟合曲线和蠕变试验曲线，可以看出二者基本一致，如图2-9所示。线性伯格斯模型拟合曲线不仅充分反映了岩石加载后的瞬时弹性变形，而且同时能够反映砂质泥岩第一阶段衰减蠕变和第二阶段稳定蠕变的力学特征。证明线性伯格斯蠕变模型可以较好地表征砂质泥岩屈服破裂前的蠕变变形力学特征。

从图2-9可以看出，用线性伯格斯模型表征砂质泥岩的衰减蠕变特性与稳定蠕变特性较为准确，而且包含的模型参数较少。

#### 2.3.4.2 变参数非线性伯格斯模型参数辨识与验证

采用莱芬博格-马奎特算法辨识深部地层砂质泥岩的加速蠕变全程曲线，如表2-3所示，以蠕变试验数据辨识得到 $\eta_3$、$\alpha$、$k$ 等参数值，即为变参数非线性伯格斯模型的模型参

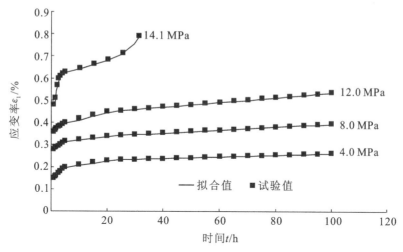

**图 2-9   蠕变试验轴向应变试验曲线与拟合曲线**

数。图 2-9 中破裂应力水平曲线,即为深部地层砂质泥岩蠕变的变参数非线性伯格斯模型拟合曲线与试验曲线比较图。

由图 2-9 可以看出,变参数非线性伯格斯模型拟合曲线与试验曲线一致性较好,该模型拟合曲线不仅能表征深部地层砂质泥岩第一阶段衰减蠕变变形力学特性和第二阶段稳定蠕变变形力学特性,同时还能比较准确地反映深部地层砂质泥岩第三阶段加速蠕变变形的力学特性。因此可以得出结论:变参数非线性伯格斯模型可以较准确地表征深部地层砂质泥岩在较低水平应力下和超过屈服破裂应力水平下的蠕变变形力学特性。

## 2.4   小     结

(1) 线性伯格斯模型可以表征深部地层砂质泥岩的线性黏弹性蠕变力学特征,在低于破裂偏应力水平下,可以使用线性伯格斯模型描述深部地层砂质泥岩衰减蠕变和稳定蠕变阶段的力学变形特征。

(2) 通过引入变参数非线性黏塑性元件组合,将其串联在经典线性伯格斯模型上,建立变参数非线性黏弹塑性伯格斯模型。它可以完整地描述砂质泥岩在超过破裂应力水平的荷载下的加速蠕变力学行为。

(3) 采用莱芬博格-马奎特算法辨识得到深部地层砂质泥岩的加速蠕变参数,通过数值计算二次开发可以将其嵌入深部马头门开挖与支护的数值模拟中。

# 3 深立井马头门围岩历时稳定性分析

## 3.1 数值模拟软件

ABAQUS丰富的单元库及与之对应的多种材料库模型使其能够模拟任意形状的实体研究对象。常见的大多数工程材料,例如金属、钢筋混凝土、泡沫、橡胶、高分子材料、复合材料和岩土体地质材料,ABAQUS均能模拟。

在岩土工程数值计算中,ABAQUS有其他通用有限元软件无法比拟的优势,其拥有丰富的广泛应用于岩土地质材料的本构模型库,如莫尔-库仑模型、剑桥-土体模型、混凝土材料模型、扩展的德鲁克-普拉格(Druker-Prager)模型、渗透性材料模型和节理模型等。除了常规的杆件单元、三角形单元、四边形单元和六面体单元等,该软件针对岩土工程数值计算还给出了无限边界的无限元、钢筋混凝土加强筋单元、土壤-管柱连接单元等特殊单元。使该软件能够模拟岩土工程中的开挖、填筑、多场耦合等复杂问题。

相对于其他普通有限元软件,ABAQUS有限元分析软件的三维几何建模功能强大,有方便快速的隧道建模助手,具有自动划分网格、映射网格等高级网格划分功能。

图3-1所示为ABAQUS/CAE的用户操作界面,为交互式图形环境。

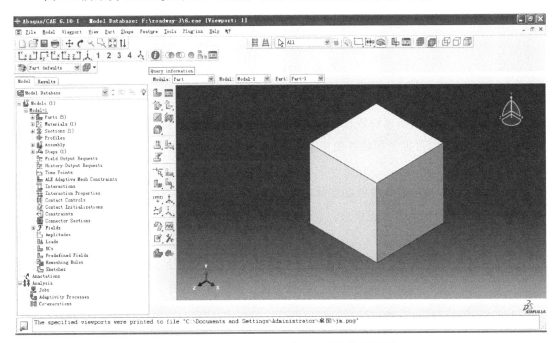

**图 3-1　ABAQUS/CAE 有限元分析软件界面**

## 3.2 深立井马头门的原型

本章数值分析中采用的深立井马头门以淮南矿业(集团)有限责任公司潘一东矿副井马头门为原型,该马头门位于−850 m水平,马头门硐室位于副井井筒的东西两侧。马头门由副井井筒、东马头门硐室、西马头门硐室组成。潘一东矿副井马头门所在埋深地层岩性以砂质泥岩和花斑泥岩为主。马头门地质柱状图如图 3-2 所示。该硐室中,除副井井筒断面为圆形外,马头门硐室及其他硐室断面均为直墙半圆拱形。

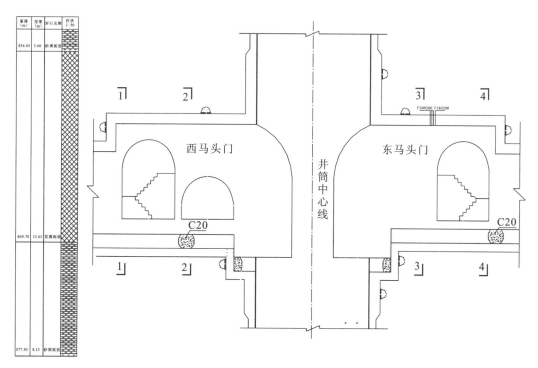

**图 3-2　马头门地质柱状图**

## 3.3 深立井马头门数值计算模型

根据深立井马头门的平面布置、断面尺寸和水平位置,考虑到马头门开挖和支护的影响范围,采用 ABAQUS 软件建立三维有限元计算模型。模型宽度(沿马头门硐室横向)取 100 m,纵向长度(沿马头门硐室纵向)取 100 m,高度(沿立井井筒纵向)取 100 m。总体数值计算模型网格划分如图 3-3 所示,模型共划分为 986960 个单元,其中,围岩采用三维实体单元(Solid Element)模拟,锚杆采用一维植入式桁架单元(Embedded Truss Element)模拟,喷射混凝土采用二维板单元(Plate Element)模拟,二次衬砌采用三维实体单元(Solid Element)模拟。

图 3-3　马头门总体数值计算模型网格划分

# 3.4　单元类型和本构关系

## 3.4.1　单元类型

(1) 实体单元(Solid Element)

该数值计算模型中,用三维实体单元来模拟围岩和二次衬砌。

实体单元仅具有 $x$、$y$ 和 $z$ 三个方向的平移自由度,没有旋转自由度。它的基本种类为利用四节点、六节点或八节点构成三维实体单元,可以用来模拟实体结构(Solid Structure)或者厚板壳(Thick Shell)结构,如图 3-4 所示。以下仅选取三维实体六面体单元进行岩土体的模拟。根据弹性力学和有限单元法相关知识,ABAQUS 中的实体单元平衡方程如下:

$$\int_V \boldsymbol{B}^\mathrm{T} \boldsymbol{D} \boldsymbol{B} \mathrm{d}V \boldsymbol{u} = b \int_V \boldsymbol{N}^\mathrm{T} \mathrm{d}V + p \int_A \boldsymbol{N}^\mathrm{T} \mathrm{d}A + p_n \tag{3-1}$$

式中　$\boldsymbol{B}$——应变-位移关系矩阵(几何关系矩阵);

　　　$\boldsymbol{D}$——本构矩阵(应力-应变关系矩阵);

$u$——位移向量；

$N$——形函数向量；

$A$——单元面积；

$V$——单元体积；

$b$——单元体力的大小；

$p$——面压力；

$p_n$——节点荷载。

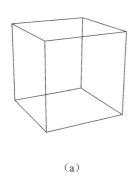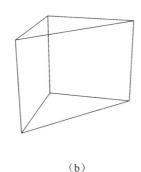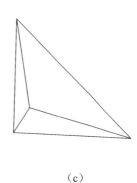

（a） （b） （c）

**图 3-4 三维实体单元的各单元类型**

（a）六面体单元；（b）五面体单元；（c）四面体单元

ABAQUS 根据圣维南原理，对增量荷载计算增量位移，体力加在力学计算的最初阶段，则式（3-1）可以简化为

$$Ku = p = p_b + p_s + p_n \qquad (3-2)$$

式中 $K$——单元刚度矩阵；

$p$——节点荷载；

$p_b$——体力；

$p_s$——面压力。

考虑等参元的正则化理论，应力与应变问题的场变量单元内的位移模式可以用下列方程组表述：

$$\left.\begin{aligned}
u &= N_1 u_1 + N_2 u_2 + \cdots + N_{np} u_{np} = Nu \\
v &= N_1 v_1 + N_2 v_2 + \cdots + N_{np} v_{np} = Nv \\
w &= N_1 w_1 + N_2 w_2 + \cdots + N_{np} w_{np} = Nw
\end{aligned}\right\} \qquad (3\text{-}3a)$$

$$\left.\begin{aligned}
x &= N_1 x_1 + N_2 x_2 + \cdots + N_{np} x_{np} = Nx \\
y &= N_1 y_1 + N_2 y_2 + \cdots + N_{np} y_{np} = Ny \\
z &= N_1 z_1 + N_2 z_2 + \cdots + N_{np} z_{np} = Nz
\end{aligned}\right\} \qquad (3\text{-}3b)$$

式中，$u,v,w$ 代表单元内任一点坐标 $(x,y,z)$ 对应的 $x,y,z$ 方向上的位移值，而 $np$ 代表节点总位移数量。

假设实体单元位移为小位移，则其几何关系可以用下列公式表达：

$$\bar{\boldsymbol{\varepsilon}} = \begin{vmatrix} \varepsilon_x \\ \varepsilon_y \\ \varepsilon_z \\ \gamma_x \\ \gamma_y \\ \gamma_z \end{vmatrix} = \begin{vmatrix} \partial u/\partial x \\ \partial v/\partial y \\ \partial w/\partial z \\ \partial u/\partial y + \partial v/\partial x \\ \partial v/\partial z + \partial w/\partial y \\ \partial w/\partial x + \partial u/\partial z \end{vmatrix} \tag{3-4}$$

使用场变量-节点位移表示的应变-位移几何方程的矩阵表述形式如下：

$$\bar{\boldsymbol{\varepsilon}} = \boldsymbol{Bu} \tag{3-5}$$

其中 $\boldsymbol{B}$ 矩阵可以表达如下：

$$\boldsymbol{B} = \begin{bmatrix} \dfrac{\partial N_1}{\partial x} & 0 & 0 & \cdots & \dfrac{\partial N_{np}}{\partial x} & 0 & 0 \\[3mm] 0 & \dfrac{\partial N_1}{\partial y} & 0 & \cdots & 0 & \dfrac{\partial N_{np}}{\partial y} & 0 \\[3mm] 0 & 0 & \dfrac{\partial N_1}{\partial z} & \cdots & 0 & 0 & \dfrac{\partial N_{np}}{\partial y} \\[3mm] \dfrac{\partial N_1}{\partial y} & \dfrac{\partial N_1}{\partial x} & 0 & \cdots & \dfrac{\partial N_{np}}{\partial y} & \dfrac{\partial N_{np}}{\partial x} & 0 \\[3mm] 0 & \dfrac{\partial N_1}{\partial z} & \dfrac{\partial N_1}{\partial y} & \cdots & 0 & \dfrac{\partial N_{np}}{\partial z} & \dfrac{\partial N_{np}}{\partial y} \\[3mm] \dfrac{\partial N_1}{\partial z} & 0 & \dfrac{\partial N_1}{\partial x} & \cdots & \dfrac{\partial N_{np}}{\partial z} & 0 & \dfrac{\partial N_{np}}{\partial x} \end{bmatrix} \tag{3-6}$$

由式(3-6)可知，为了计算应变需要对形函数进行微分处理，在局部坐标系和整体坐标系之间，形函数的微分之间的关系，需要遵循下列矩阵相乘的规则：

$$\begin{bmatrix} \dfrac{\partial N}{\partial \xi} \\[3mm] \dfrac{\partial N}{\partial \eta} \\[3mm] \dfrac{\partial N}{\partial \zeta} \end{bmatrix} = \begin{bmatrix} \dfrac{\partial x}{\partial \xi} & \dfrac{\partial y}{\partial \xi} & \dfrac{\partial z}{\partial \xi} \\[3mm] \dfrac{\partial x}{\partial \eta} & \dfrac{\partial y}{\partial \eta} & \dfrac{\partial z}{\partial \eta} \\[3mm] \dfrac{\partial x}{\partial \zeta} & \dfrac{\partial y}{\partial \zeta} & \dfrac{\partial z}{\partial \zeta} \end{bmatrix} \begin{bmatrix} \dfrac{\partial N}{\partial x} \\[3mm] \dfrac{\partial N}{\partial y} \\[3mm] \dfrac{\partial N}{\partial z} \end{bmatrix} \tag{3-7}$$

其中相关矩阵 $J = \begin{bmatrix} \dfrac{\partial x}{\partial \xi} & \dfrac{\partial y}{\partial \xi} & \dfrac{\partial z}{\partial \xi} \\[2mm] \dfrac{\partial x}{\partial \eta} & \dfrac{\partial y}{\partial \eta} & \dfrac{\partial z}{\partial \eta} \\[2mm] \dfrac{\partial x}{\partial \zeta} & \dfrac{\partial y}{\partial \zeta} & \dfrac{\partial z}{\partial \zeta} \end{bmatrix}$ 通常被称为雅可比矩阵。使用雅可比矩阵表达对 $x$、

$y$、$z$ 轴的微分如下：

$$\begin{bmatrix} \dfrac{\partial N}{\partial x} \\[2mm] \dfrac{\partial N}{\partial y} \\[2mm] \dfrac{\partial N}{\partial z} \end{bmatrix} = J^{-1} \begin{bmatrix} \dfrac{\partial N}{\partial \xi} \\[2mm] \dfrac{\partial N}{\partial \eta} \\[2mm] \dfrac{\partial N}{\partial \zeta} \end{bmatrix} \tag{3-8}$$

这样，雅可比矩阵即为：

$$J = \begin{bmatrix} \dfrac{\partial N_1}{\partial \xi} & \dfrac{\partial N_2}{\partial \xi} & \cdots & \dfrac{\partial N_{np}}{\partial \xi} \\[2mm] \dfrac{\partial N_1}{\partial \eta} & \dfrac{\partial N_2}{\partial \eta} & \cdots & \dfrac{\partial N_{np}}{\partial \eta} \\[2mm] \dfrac{\partial N_1}{\partial \zeta} & \dfrac{\partial N_2}{\partial \zeta} & \cdots & \dfrac{\partial N_{np}}{\partial \zeta} \end{bmatrix} \begin{bmatrix} x_1 & y_1 & z_1 \\ x_2 & y_2 & z_2 \\ \vdots & \vdots & \vdots \\ x_{np} & y_{np} & z_{np} \end{bmatrix} \tag{3-9}$$

应力可使用弹性理论表示如下：

$$\bar{\sigma} = D\bar{\varepsilon} \tag{3-10}$$

其中 $D$ 通常称为本构矩阵。

使用上述公式按高斯-勒让德数值积分方法求解式(3-1)，其中积分点又叫高斯积分点。适当的积分次数与是否存在高阶节点有关。有高阶节点时位移模式为非线性，对应也需要高阶的积分次数。将式(3-1)转换为如下积分点的数值积分形式：

$$\int_N B^{\mathrm{T}} DB \, \mathrm{d}V \to \sum_{j=1}^{n} B_j^{\mathrm{T}} D_j B_j \, |J_j| W_{1j} W_{2j} W_{3j} \tag{3-11}$$

式中　$j$——积分点；

　　　$n$——积分点的总数量或积分次数；

　　　$|J_j|$——雅可比矩阵的行列式值；

　　　$W_{1j}, W_{2j}, W_{3j}$——积分点 $\xi, \eta, \zeta$ 的方向权重。

（2）板单元(Plate Element)

该数值计算模型中，喷射混凝土采用板单元来模拟。有限单元法中板单元一般由同一平面上的 3 个、4 个、6 个或 8 个节点构成三维板单元。

板单元可考虑平面受拉、平面受压、平面受剪、平面外受弯、厚度方向的剪切,板单元的自由度以单元坐标系为基准,每个节点具有 $x$、$y$、$z$ 轴方向的平动自由度和绕 $x$、$y$ 轴旋转的旋转自由度,可以用来模拟喷射混凝土。单元坐标系是满足右手螺旋法则的空间直角坐标系,如图 3-5 所示,该单元的有限元方程推导过程在此不再赘述。

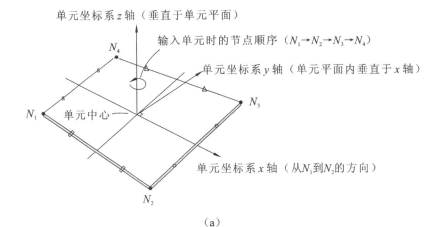

（a）

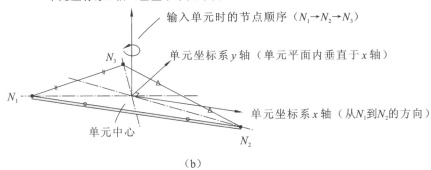

（b）

**图 3-5　板单元的布置及单元坐标系**

（a）四边形单元的单元坐标系；（b）三角形单元的单元坐标系

### 3.4.2　ABAQUS 用户本构关系的二次开发

对于黏弹塑性有限元计算,总应变增量 $\Delta\boldsymbol{\varepsilon}$ 包括瞬时弹性应变增量 $\Delta\boldsymbol{\varepsilon}^e$、黏弹性应变增量 $\Delta\boldsymbol{\varepsilon}^{ve}$ 和黏塑性应变增量 $\Delta\boldsymbol{\varepsilon}^{vp}$[135-136]。

$$\Delta\boldsymbol{\varepsilon} = \Delta\boldsymbol{\varepsilon}^e + \Delta\boldsymbol{\varepsilon}^{ve} + \Delta\boldsymbol{\varepsilon}^{vp} \tag{3-12}$$

式中　$\Delta\boldsymbol{\varepsilon}$——总应变增量;

　　　$\Delta\boldsymbol{\varepsilon}^e$——瞬时弹性应变增量;

$\Delta\boldsymbol{\varepsilon}^{ve}$——黏弹性应变增量；

$\Delta\boldsymbol{\varepsilon}^{vp}$——黏塑性应变增量。

本书建立的变参数非线性黏弹塑性伯格斯模型包括伯格斯体和非线性黏塑性体两部分。伯格斯体的黏弹性应变增量由麦克斯韦体黏弹性应变增量 $\Delta\boldsymbol{\varepsilon}_m^{ve}$ 与开尔文体黏弹性应变增量 $\Delta\boldsymbol{\varepsilon}_k^{ve}$ 组成。

$$\Delta\boldsymbol{\varepsilon}_m^{ve}=\frac{\Delta t}{\eta_1}\boldsymbol{\sigma} \tag{3-13}$$

式中　$\Delta\boldsymbol{\varepsilon}_m^{ve}$——麦克斯韦体黏弹性应变增量；

$\Delta t$——增量时间；

$\boldsymbol{\sigma}$——当前时刻的应力。

由开尔文体的本构关系得到 $t+\Delta t$ 时刻的黏弹性应变为：

$$\boldsymbol{\varepsilon}_{k,t+\Delta t}^{ve}=\boldsymbol{\varepsilon}_{k,t}^{ve}\cdot\exp\left(-\frac{G_2}{\eta_2}\cdot\Delta t\right)+\frac{G_1}{G_2}\boldsymbol{D}^{-1}\left[1-\exp\left(-\frac{G_2}{\eta_2}\cdot\Delta t\right)\right]\cdot\boldsymbol{\sigma} \tag{3-14}$$

式中　$\boldsymbol{\varepsilon}_{k,t}^{ve}$——$t$ 时刻的黏弹性应变；

$\boldsymbol{\varepsilon}_{k,t+\Delta t}^{ve}$——开尔文体在 $t+\Delta t$ 时刻的黏弹性应变；

$\Delta t$——时间增量；

$\boldsymbol{\sigma}$——当前时刻的应力。

则开尔文体的黏弹性应变增量为：

$$\Delta\boldsymbol{\varepsilon}_k^{ve}=\Delta\boldsymbol{\varepsilon}_{k,t+\Delta t}^{ve}-\Delta\boldsymbol{\varepsilon}_{k,t}^{ve} \tag{3-15}$$

式中　$\Delta\boldsymbol{\varepsilon}_k^{ve}$——开尔文体黏弹性应变增量。

由式(3-13)和式(3-15)可知：

$$\Delta\boldsymbol{\varepsilon}^{ve}=\Delta\boldsymbol{\varepsilon}_m^{ve}+\Delta\boldsymbol{\varepsilon}_k^{ve} \tag{3-16}$$

式中　$\Delta\boldsymbol{\varepsilon}^{ve}$——伯格斯体黏弹性应变增量。

对于非线性黏塑性体，其黏塑性流动法则为：

$$\dot{\boldsymbol{\varepsilon}}^{vp}=\frac{\alpha\ln k\cdot k^t}{2\eta_3}\langle\Phi(F)\rangle\frac{\partial\boldsymbol{Q}}{\partial\boldsymbol{\sigma}} \tag{3-17}$$

其中，$\langle\Phi(F)\rangle$ 为开关函数，当 $F\leqslant 0$ 时，$\langle\Phi(F)\rangle=0$；当 $F>0$ 时，$\langle\Phi(F)\rangle=\Phi(F)$。$F$ 为屈服函数，$Q$ 为塑性势函数。采用相关联流动法则时，$Q=F$。对于 D-P 屈服准则，屈服函数为：

$$F=\frac{2\sin\varphi}{\sqrt{3}(3-\sin\varphi)}J_1+\sqrt{J_2}-\frac{6C\cos\varphi}{\sqrt{3}(3-\sin\varphi)} \tag{3-18}$$

式中　$J_1$——应力偏的第一不变量；

$J_2$——应力偏量的第二不变量。

在增量时间 $\Delta t_n = t_{n+1} - t_n$ 时间段内产生的黏塑性应变增量 $\Delta \boldsymbol{\varepsilon}_n^{vp}$，采用差分法计算表示为：

$$\Delta \boldsymbol{\varepsilon}_n^{vp} = \Delta t_n \left[ (1-\Theta) \dot{\boldsymbol{\varepsilon}}_t^{vp} + \Theta \dot{\boldsymbol{\varepsilon}}_{t+1}^{vp} \right] \tag{3-19}$$

式中　$\Delta \boldsymbol{\varepsilon}_n^{vp}$——黏塑性应变增量；

　　　$\Delta t_n$——增量时间；

　　　$\dot{\boldsymbol{\varepsilon}}_t^{vp}$——$t$ 时刻黏塑性应变一阶导；

　　　$\dot{\boldsymbol{\varepsilon}}_{t+1}^{vp}$——$t+1$ 时刻黏塑性应变一阶导。

当 $\Theta = 0$ 时为显式方法，$\Theta = 1/2$ 时为隐式梯形法，$\Theta = 1$ 时为完全隐式法。这里采用完全隐式的方法求解，对式(3-19)中 $\dot{\boldsymbol{\varepsilon}}_{t+1}^{vp}$ 用有限的泰勒级数展开，整理得到：

$$\Delta \boldsymbol{\varepsilon}_n^{vp} = \dot{\boldsymbol{\varepsilon}}_n^{vp} \Delta t_n + \boldsymbol{H}_n^t \Delta t_n \Delta \boldsymbol{\sigma}_n \tag{3-20}$$

式中　$\dot{\boldsymbol{\varepsilon}}_n^{vp}$——$t_n$ 时刻黏塑性应变一阶导；

　　　$\Delta \boldsymbol{\sigma}_n$——$t_n$ 时刻应力增量；

　　　$\boldsymbol{H}_n^t$——黏塑性应变一阶导关于应力的偏导。

其中 $\boldsymbol{H}_n^t$ 的表达式为：

$$\boldsymbol{H}_n^t = \frac{\partial \dot{\boldsymbol{\varepsilon}}^{vp}}{\partial \boldsymbol{\sigma}} = \frac{\alpha \ln k \cdot k^t}{2\eta_3} \varphi \cdot \frac{\partial \boldsymbol{a}^T}{\partial \boldsymbol{\sigma}} + \frac{\mathrm{d}\varphi}{\mathrm{d}F} \boldsymbol{a} \cdot \boldsymbol{a}^T \tag{3-21}$$

取 $\Phi(F) = \left( \dfrac{F - F_0}{F_0} \right)^N$，$F_0$、$N$ 均取为 1，则有：

$$\boldsymbol{a}^T = \left( \frac{\partial \boldsymbol{F}}{\partial \boldsymbol{\sigma}} \right)^T = \frac{\partial \boldsymbol{F}}{\partial \boldsymbol{J}_1} \left( \frac{\partial \boldsymbol{J}_1}{\partial \boldsymbol{\sigma}} \right)^T + \frac{\partial \boldsymbol{F}}{\partial \sqrt{J_2}} \left( \frac{\partial \sqrt{J_2}}{\partial \boldsymbol{\sigma}} \right)^T \tag{3-22}$$

将 $\boldsymbol{a}^T$、$\boldsymbol{a}$、$\dfrac{\partial \boldsymbol{a}^T}{\partial \boldsymbol{\sigma}}$ 代入式(3-21)中可得 $\boldsymbol{H}_n^t$ 的值，再代入式(3-20)中，就得到 $t_n$ 时刻的黏塑性应变增量 $\Delta \boldsymbol{\varepsilon}_n^{vp}$。

岩土材料黏弹塑性应力增量-应变增量本构关系式如下：

$$\Delta \boldsymbol{\sigma}_n = \boldsymbol{D}_n (\Delta \boldsymbol{\varepsilon}_n - \Delta \boldsymbol{\varepsilon}_n^{ve} - \Delta \boldsymbol{\varepsilon}_n^{vp}) \tag{3-23}$$

根据式(3-12)、式(3-20)和式(3-23)得到：

$$\Delta \boldsymbol{\sigma}_n = \hat{\boldsymbol{D}} (\Delta \boldsymbol{\varepsilon}_n - \Delta \boldsymbol{\varepsilon}_n^{ve} - \dot{\boldsymbol{\varepsilon}}_n^{vp} \cdot \Delta t_n) \tag{3-24}$$

当应力水平未达到屈服应力水平时，$\hat{\boldsymbol{D}} = \boldsymbol{D}$；当进入屈服状态后，黏弹塑性切线模型为：

$$\hat{\boldsymbol{D}} = (\boldsymbol{D}^{-1} + \boldsymbol{H}_n^{-1} \cdot \Delta t)^{-1} \tag{3-25}$$

ABAQUS 自带的单元类型和本构关系非常全面，但有时需要用户自己开发自定义单元和新的本构模型来满足特殊场合的计算需求。UMAT 是 ABAQUS 提供的自定义材料本构模型的程序接口,UMAT 子程序具有强大功能,可以定义材料的本构模型,使用 ABAQUS 材料库中没有的材料本构模型进行计算,软件的应用范围得到扩充。UMAT 子程序可以用于大部分力学行为分析的主要分析步骤,将自定义的材料本构模型赋予 ABAQUS 的计算单元。计算迭代过程中需要生成材料本构的雅可比矩阵,得出应力增量对应应变增量的变换率。

UMAT 子程序的编写采用 Fortran 语言,ABAQUS 的升级换代很快,6.10 版本需要 VF10.0 和 MVS.net2008 的支持,否则子程序无法正常编译[137-139]。

UMAT 与主程序之间通过自变量、结构变量进行数据传递和信息交换,在二次开发中必须遵守 UMAT 的书写规范,常用的结构变量 UMAT 以头文件的形式出现,格式如下:

——————————————————————————

SUBROUTINE UMAT(STRESS, STATEV, DDSDDE, SSF, SPD, SCD, RPL, DDSDDT, DRPLDE, DRPLDT, STRAN, DSTRAN, TIME, DTIME, TEMP, PREDEF, DPRED, CMNAME, NDI, NSHR, NTENS, NSTATV, PROPS, NPROPS, COORDS, DROT, PNEWDT, CELENT, DFGRD0, DFGRD1, NOEL, NPT, LAYER, KSPT, KSTEP, KINC)

INCLUDE 'ABA_PARAM.INC'

CHARACTER *80 CMNAME

DIMENSION STRESS (NTENS), STATEV (NSTATV), DDSDDE (NTENS, NTENS), DDSDDT (NTENS), DRPLDE (NTENS), STRAN (NTENS), DSTRAN (NTENS), TIME(2), PREDEF(1), DPRED(1), PROPS(NPROPS), COORDS(3), DROT(3, 3), DFGRD0(3, 3), DFGRD1(3, 3)

User coding tu define DDSDDE, STRESS, STATEV, SSE, SPD, SCD, and if necessary, RPL , DDSDDT, DRPLDE, DRPLDT, PNEWDT

RETURN

END

——————————————————————————

UMAT 中的应力矩阵、应变矩阵以及矩阵 DDSDDE、DDSDDT、DRPLDE 等都是直接分量存储在前,剪切分量存储在后。直接分量有 NDI 个,剪切分量有 NSHR 个。各分量之间的顺序根据单元自由度的不同略有差异,二次开发时要充分考虑到单元的选择种类。

UMAT 中的一些主要变量,如 DDSDDE(NTENS,NTENS)是一个 NTENS×NTENS

的矩阵,称作雅可比矩阵,即 $\dfrac{\partial \boldsymbol{\sigma}}{\partial \boldsymbol{\varepsilon}}$, $\Delta\boldsymbol{\sigma}$ 为应力增量, $\Delta\boldsymbol{\varepsilon}$ 为应变增量,DDSDDE$(i,j)$代表增

量步结束后第 $j$ 个应变分量的改变引起的第 $i$ 个应力分量的变化。通常雅可比矩阵为对称矩阵,除非在 * USER MATERIAL 语句中加入 UNSYMM 参数。STRESS(NTENS)是应力张量数组,对应 NDI 个直接分量和 NSHR 个剪切分量。在增量步的开始,应力张量矩阵中的数值由接口从主程序传入 UMAT 中,迭代步结束后再由接口将 UMAT 中更新后的应力张量数值传入主程序中。STATEV(N STATEV)用于存储与解有关状态变量的数组,在迭代步开始时将数值传递到 STATEV 中,或者在 USDFLD 及 UEXPAN 中先更新,然后迭代步开始时将结果传递到 UMAT 中,而迭代结束后要更新状态变量中的数值。状态变量矩阵的维度在 ABAQUS 中由关键字 * DEPVAR 定义,后面的数值代表状态变量矩阵的维度。PROPS(NPROPS)代表材料常数数组。材料常数的个数由关键词 * USER MATERIAL 中 CONSTANTS 的大小决定。矩阵中元素的数值由关键词 * USER MATERAIL 后面的数据行定义。SSE、SPD、SCD 分别定义每次迭代步的弹性应变能、塑性耗散和蠕变耗散,作为能量输出而不影响计算结果。STRAN(NTENS)代表应变数组,DSTRAN(NTENS)代表应变增量数组,DTIME 代表迭代步的时间增量,NDI 代表直接应力分量个数,NSHR 代表剪切应力分量个数。NTENS 代表总应力分量个数,其中 NTENS＝NDI＋NSHR。

单元的积分点上调用 UMAT 自定义的本构子程序,迭代开始时主程序通过接口进入 UMAT,传入当前积分点必要变量的初始值给 UMAT 中共享的结构变量,而迭代结束后更新的结构变量由接口传入主程序中[140-141]。

黏弹塑性 UMAT 自定义的本构子程序工作流程如图 3-6 所示。在加载步开始时,根据边界条件和荷载大小及雅可比矩阵,计算节点位移,得到单元积分点上的应变。

当前应力状态是否处于屈服状态,本书的判断标准是根据 D-P 准则判断单元的应力水平是否超过屈服应力水平。如果积分点处应力水平小于屈服应力,则黏塑性应变率为 0,变参数非线性伯格斯黏弹塑性蠕变模型退化为线性伯格斯黏弹性模型,计算雅可比弹性矩阵为 $\boldsymbol{D}$,根据应力更新公式计算应力增量,然后计算黏弹性应变和黏塑性应变率。如果积分点处应力水平大于或等于屈服应力,则采用式(3-17)计算黏塑性应变率,通过式(3-25)计算得到黏弹塑性雅可比矩阵,根据应力更新公式计算应力增量,然后计算黏弹性应变和黏塑性应变,计算黏弹性应变率和黏塑性应变率。最后将黏弹塑性分析得到的黏弹性应变、黏塑性应变、黏弹性应变率和黏塑性应变率存储起来,判断平衡迭代是否收敛,若收敛则转入下一个蠕变时间增量步计算;若不收敛,调整时间增量大小,重新开始计算。

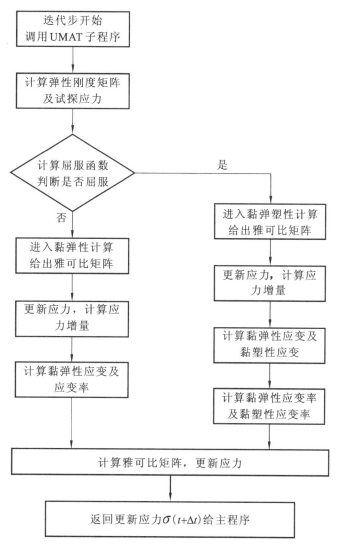

图 3-6　黏弹塑性 UMAT 自定义的本构子程序工作流程图

## 3.5　模型边界条件及初始条件

模型边界条件为:模型底面为固定边界,限制竖向和水平位移,正方形模型的四个侧面为滚轴边界,仅限制沿着水平方向的位移。模型内岩石考虑自重,同时通过在模型顶面施加荷载以模拟上覆岩层传递的面压力,考虑到马头门实际埋深约 850 m,在所建立的数值计算模型中,马头门距计算模型顶面为 50 m,故在模型顶面所施加的荷载值为:

$$(850 \text{ m} - 50 \text{ m}) \times 25 \text{ kN/m}^3 = 20 \text{ MPa}$$

模型初始条件为:计算模型埋深达到 850 m,可视整个模型处于三向等压静水应力状态,即对计算模型的 $x$、$y$ 和 $z$ 方向赋予大小相同的初始地应力场。

## 3.6 马头门开挖与支护数值模拟方法

硐室开挖前,围岩处于初始应力平衡状态,沿开挖边界上的各点也都处于原始应力平衡状态;硐室开挖后,因其周边上的径向应力和剪切应力都为零,开挖使这些边界的应力解除,从而引起围岩位移场和应力场的变化。在本次数值计算中,采用反转应力释放法来模拟这种效果。反转应力释放法通常的做法是根据已知的初始应力,求得沿预计开挖硐室周边界上各节点的应力,反转硐周边界上各节点的应力方向,并改变其符号,即可求得硐周边界上的释放荷载,然后施加于开挖作用面进行有限元分析。

采用有限元法来解决硐室的开挖问题时,常常通过应力释放率来近似考虑掌子面支撑的空间效应。在硐室挖掘前,挖掘断面上的应力处于平衡状态(图 3-7 中 $P_1 = P_2$),从力学角度讲,挖掘即是将领域 $P_2$ 除去,这相当于在分析对象中施加外力 $P_1$,除去 $P_2$ 的过程被称为应力释放。在进行挖掘操作时,挖掘面上的初期应力 $P_2$ 不是立即除去,而是被渐渐地释放掉,释放后的应力与原来初期应力的比率被称为应力释放率。

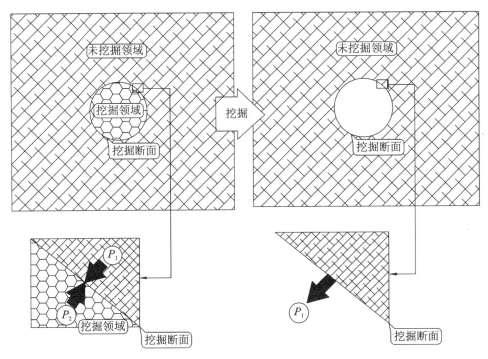

**图 3-7 硐室挖掘过程示意图**

在理论上,作为物体的分析域被除去的瞬间,挖掘断面变成自由面,$P_2$也将不存在,因此释放率通常应为100%。但是,挖掘断面周围变形状态及应力、应变状态在掌子面还没有足够延伸的情况下保持不安定,即被考察处将受到掌子面支撑的影响,离掌子面越远所受的影响越小。因此,为了能用有限元法来考虑掌子面支撑的空间效应,可以引入应力释放率。一般对各挖掘对象设置相同的应力释放率,在某一挖掘对象的应力释放率达到了100%时,才可进行下一步的开挖,如图3-8所示。

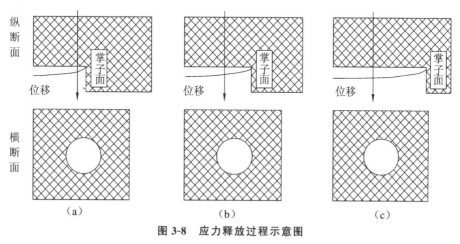

**图 3-8 应力释放过程示意图**

(a)最初释放50%的应力;(b)再释放25%的应力;(c)释放最后25%的应力

## 3.7 马头门施工步骤

在数值计算模型中,该深立井连接硐室的施工步骤共分4个,如图3-9所示。

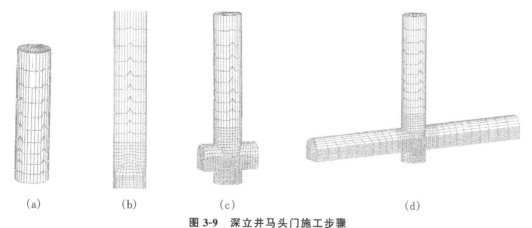

**图 3-9 深立井马头门施工步骤**

(a)上部竖井开挖与支护;(b)下部竖井开挖与支护;

(c)东西马头门硐室拨门开挖与支护;(d)东西马头门硐室沿走向继续开挖与支护

# 3.8　数值计算结果及分析

如图 3-10 所示,对计算模型选取沿井筒方向纵剖面和沿马头门方向横剖面进行重点分析,剖面设置采用 ABAQUS 软件里面的"切片"功能加以实现,以便观察各剖面上的围岩位移场、应力场分布规律。

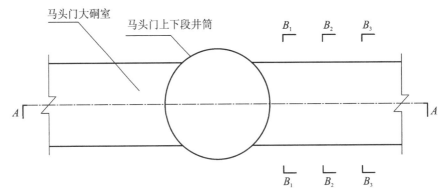

**图 3-10　井筒连接马头门数值计算结果显示剖面设置**

## 3.8.1　井筒纵向剖面围岩位移场和应力场

*A—A* 剖面沿井筒中心线和巷道顶部连线所在的面竖直切割。深立井马头门大硐室施工过程中,井筒纵向剖面上的围岩最大主应力(压应力)分布规律如图 3-11、图 3-12 所示。

如图 3-11(a)所示,在马头门硐室上下段井壁开挖后,上下连接段井壁两侧原岩应力出现了"应力突变",上下连接段井壁内侧最小主应力由原来的 17 MPa 减少至平均 5.8 MPa,在上下段井壁中部向外 5 m 处,围岩最小主应力从 17 MPa 减少至 15 MPa。由于开挖后的黏弹塑性变形能的释放,围岩的应力得到释放,在马头门上下连接段井壁周围形成最初的马头门连接硐室围岩"应力突变区"。

如图 3-11(b)所示,在马头门拨门双向迎头方向开挖 5 m 后,最小主应力剧烈释放区逐渐转移,集中在马头门顶、底板的左上、左下、右上和右下四个拐角区域。该区域最小主应力由原来的压应力逐渐变为 0,个别位置甚至出现拉应力。在拨门后一段时间后,围岩继续产生流变变形和应力释放,随后在马头门上下、左右四个拐角区域形成马头门连接硐室围岩"应力转移区"。

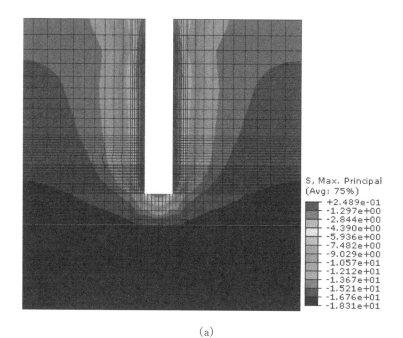

(a)

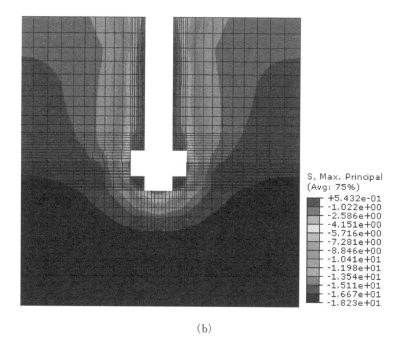

(b)

**图 3-11　第一、二步开挖后井筒纵剖面围岩最大主应力分布规律**

（a）第一步；（b）第二步

随着东、西马头门的掘进和时间的推移,在马头门顶板和底板上方的围岩应力也在一定范围内逐渐释放并产生叠加影响,如图 3-12 所示。最后在马头门顶、底板和上下段井壁的外侧形成整个应力释放区,范围在井筒外侧 11 m 和马头门顶底板外侧 10 m,围岩最大主应力在"L"形区域集中程度趋缓,最终形成围岩"应力叠加区"。如图 3-12 所示,围岩应力释放区,围岩的最大主应力集中系数在 0.1~1.5 区间内变化。

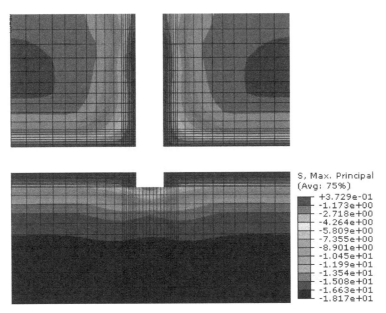

图 3-12　第三步开挖后井筒纵剖面围岩最大主应力分布规律

在图 3-13 所示的 AB、AC 和 AD 路径上,围岩最大、最小主应力值的变化如图 3-14 至图 3-16 所示,围岩水平位移和竖向位移变化曲线如图 3-17 至图 3-19 所示。

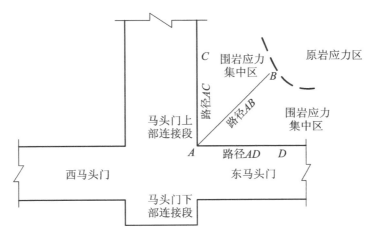

图 3-13　马头门右上方路径 AB、AC 和 AD 设置示意图

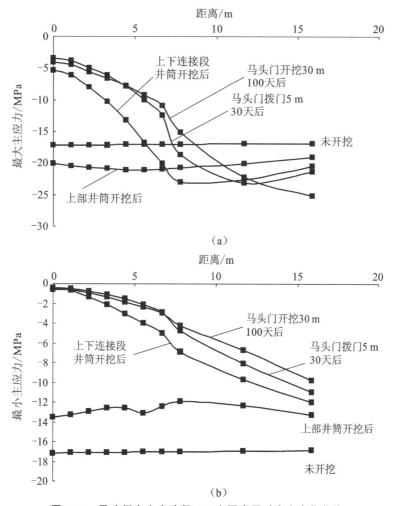

（a）

（b）

**图 3-14 马头门右上方路径 AB 上围岩历时应力变化曲线**

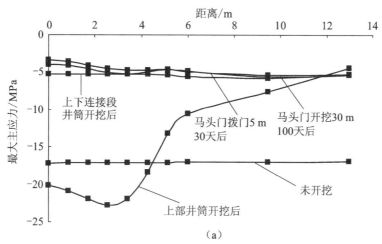

（a）

**图 3-15 井筒上部连接段路径 AC 上围岩历时应力变化曲线**

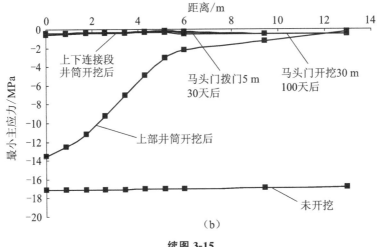

（b）

续图 3-15

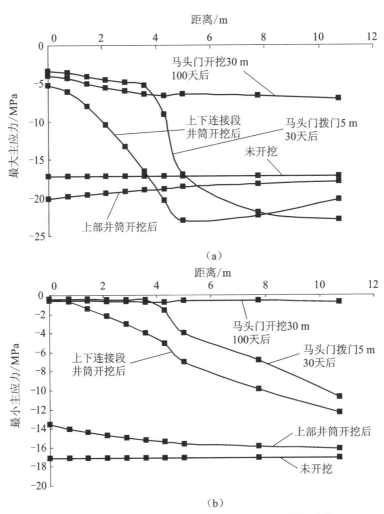

（a）

（b）

图 3-16　马头门顶板路径 $AD$ 上围岩历时应力变化曲线

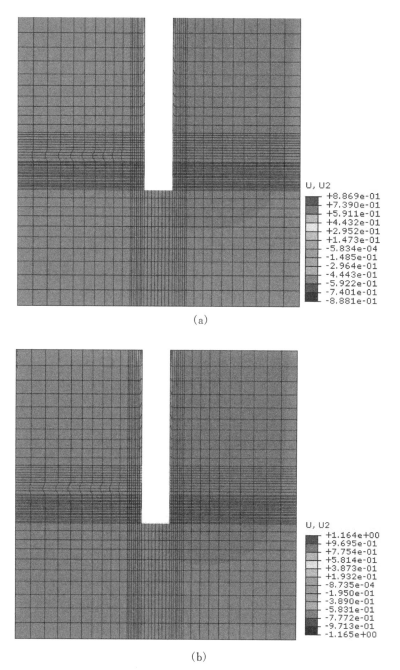

(a)

(b)

**图 3-17　马头门上下井壁段刚开挖和开挖后 10 天井筒纵剖面水平位移分布规律**

(a)马头门上下井壁段刚开挖;(b)马头门上下井壁段开挖后 10 天

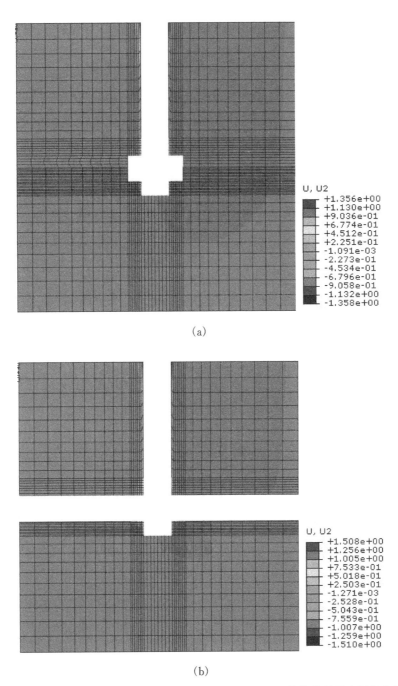

(a)

(b)

**图 3-18** 马头门左右拨门 5 m 后 10 天和两侧开挖 50 m 后 10 天井筒纵剖面水平位移分布规律

(a) 马头门左右拨门 5 m 后 10 天；(b) 马头门两侧开挖 50 m 后 10 天

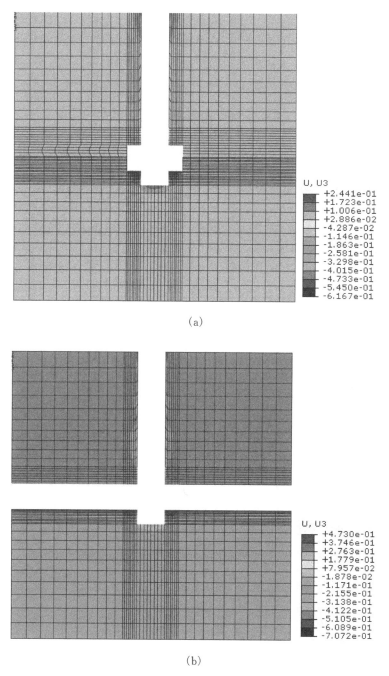

(a)

(b)

**图 3-19 马头门左右井筒纵剖面竖向位移分布规律**

(a)开挖 5 m 后 10 天；(b)开挖 50 m 后 10 天

由图 3-17 至图 3-19 可知,马头门上下段井壁向内收敛位移由刚开始拨门的 10 mm 逐渐增大到 300 mm 以上,马头门顶板、底板的位移最大也达到了 500 多毫米。由于井筒与马头门围岩的变形和应力释放的叠加影响,整个马头门硐室变形较大,严重影响矿井的正常安全生产。因此,需要在原来支护设计的基础上,对马头门的支护结构实施优化设计,这些位置是支护的关键部位,可考虑采用围岩注浆和增设锚索等加强支护的手段,改善围岩的力学性能,确保围岩的稳定性,以期减小马头门的返修工作量,保证煤矿系统的安全可靠。

在图 3-13 所示的路径上,围岩水平位移和竖向位移变化曲线如图 3-20 至图 3-25 所示。由图 3-20 至图 3-25 可知,在 AB 路径上,最大水平位移达到 900 多毫米,影响范围达到 15.5 m,马头门与井筒上下连接段的水平与竖向位移都较大。从 AB、AC、AD 三条路径的围岩位移、应力随开挖后时间的发展的变化曲线可以看出,马头门大硐室上下井壁连接段的应力释放及变形范围达到水平方向 10.5 m,马头门大硐室顶板上方的围岩应力释放及变形范围达到竖向 12.3 m,越靠近连接处变形越大,局部出现了拉应力。

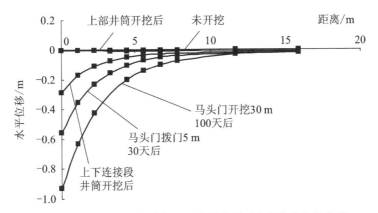

**图 3-20  马头门右上方路径 AB 上围岩历时水平位移变化曲线**

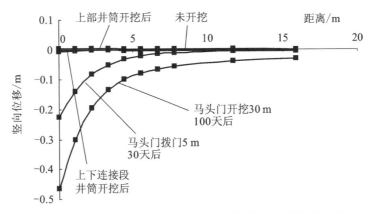

**图 3-21  马头门右上方路径 AB 上围岩历时竖向位移变化曲线**

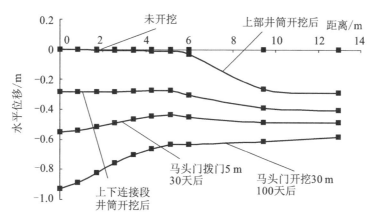

图 3-22 井筒上部连接段路径 $AC$ 上围岩历时水平位移变化曲线

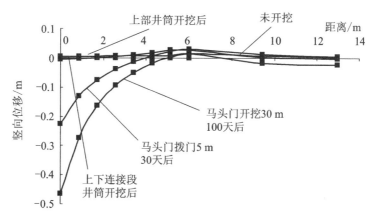

图 3-23 井筒上部连接段路径 $AC$ 上围岩历时竖向位移变化曲线

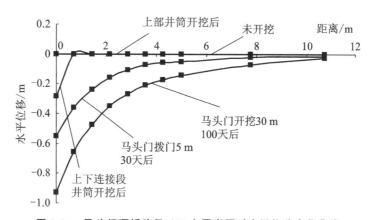

图 3-24 马头门顶板路径 $AD$ 上围岩历时水平位移变化曲线

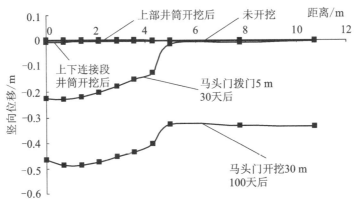

**图 3-25　马头门顶板路径 $AD$ 上围岩历时竖向位移变化曲线**

### 3.8.2　马头门竖向剖面围岩位移场和应力场

图 3-10 所示马头门竖向剖面的最大主应力分布规律如图 3-26、图 3-27 所示。马头门大硐室断面 $B_1$—$B_1$、$B_2$—$B_2$、$B_3$—$B_3$ 围岩最大与最小主应力随开挖过程的变化曲线如图 3-28 至图 3-33 所示。

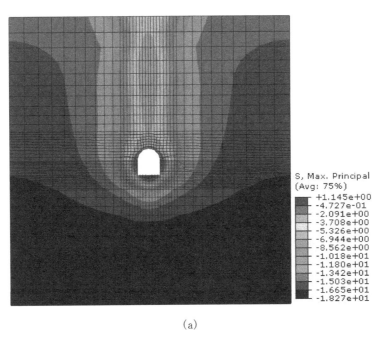

(a)

**图 3-26　马头门刚拨门 5 m 和 10 天后竖向剖面围岩最大主应力分布规律**

(a)刚拨门 5 m;(b)拨门 5 m 后 10 天

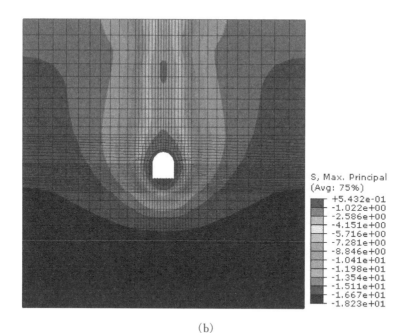

(b)

续图 3-26

由图 3-27 可知,对于东、西马头门,应力集中区域的范围在 10 m 左右。

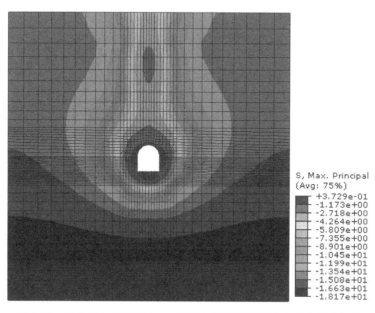

图 3-27 马头门左右开挖 50 m 后竖向剖面围岩最大主应力分布规律

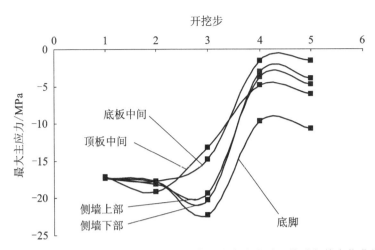

**图 3-28　马头门大硐室断面 $B_1—B_1$ 围岩最大主应力随开挖过程的变化曲线**

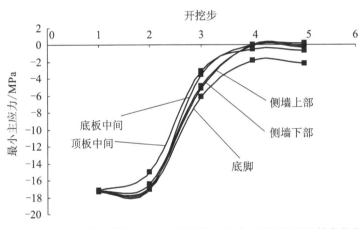

**图 3-29　马头门大硐室断面 $B_1—B_1$ 围岩最小主应力随开挖过程的变化曲线**

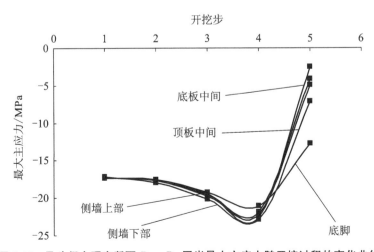

**图 3-30　马头门大硐室断面 $B_2—B_2$ 围岩最大主应力随开挖过程的变化曲线**

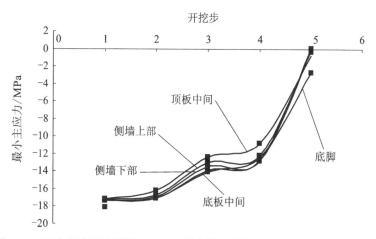

**图 3-31 马头门大硐室断面 $B_2$—$B_2$ 围岩最小主应力随开挖过程的变化曲线**

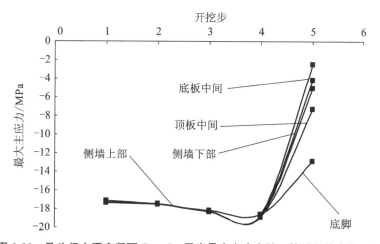

**图 3-32 马头门大硐室断面 $B_3$—$B_3$ 围岩最大主应力随开挖过程的变化曲线**

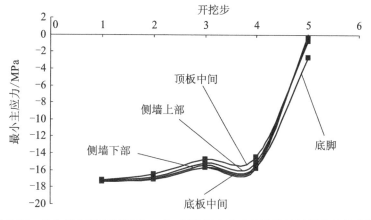

**图 3-33 马头门大硐室断面 $B_3$—$B_3$ 围岩最小主应力随开挖过程的变化曲线**

　　马头门竖向剖面围岩水平位移、竖向位移分布规律分别见图 3-34、图 3-35。马头门大硐室断面 $B_1$—$B_1$、$B_2$—$B_2$、$B_3$—$B_3$ 围岩水平位移及竖向位移随开挖过程的变化曲线如图 3-36 至图 3-41 所示。

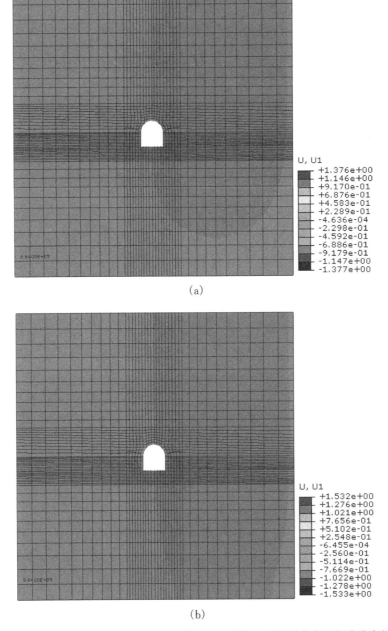

(a)

(b)

**图 3-34　马头门拨门 5 m 后 10 天和开挖 50 m 后竖向剖面围岩水平位移分布规律**

(a)拨门 5 m 后 10 天；(b)开挖 50 m 后

由图 3-34 可知,东马头门硐室因断面大和边墙高,硐室周边围岩产生了较大的水平位移,且水平位移沿硐室竖向中心线对称分布,表现为向硐室内呈挤压状态,最大水平位移位于硐室两帮直墙位置,其值达到 120 mm,由此可知硐室帮部水平收敛位移可达 240 mm。

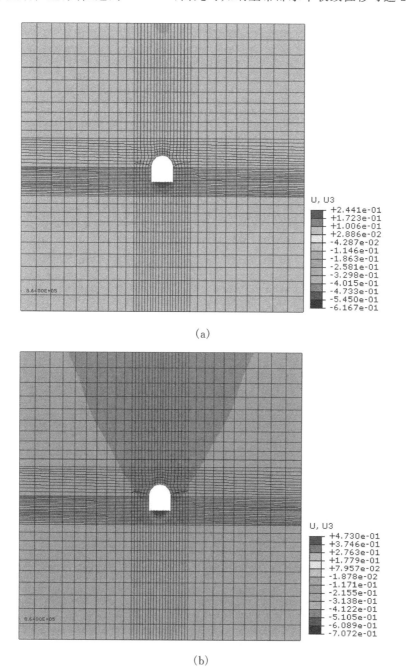

(a)

(b)

**图 3-35　马头门拨门 5 m 后 10 天和开挖 50 m 后竖向剖面围岩竖向位移分布规律**

(a)拨门 5 m 后 10 天;(b)开挖 50 m 后

由图 3-35 可知,东马头门硐室顶板围岩的最大沉降位移位于硐室拱顶,其值为 75.5 mm;最大底臌位于硐室底板中心,其值为 255 mm。

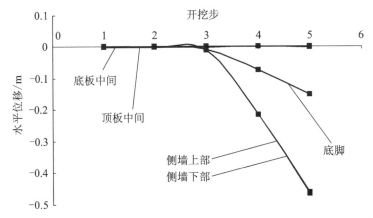

**图 3-36　马头门大硐室断面 $B_1$—$B_1$ 围岩水平位移随开挖过程的变化曲线**

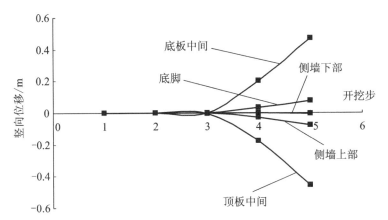

**图 3-37　马头门大硐室断面 $B_1$—$B_1$ 围岩竖向位移随开挖过程的变化曲线**

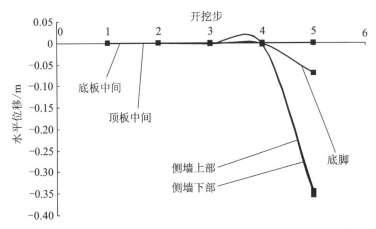

**图 3-38　马头门大硐室断面 $B_2$—$B_2$ 围岩水平位移随开挖过程的变化曲线**

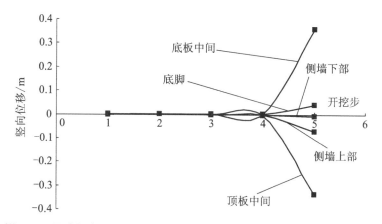

**图 3-39** 马头门大硐室断面 $B_2$—$B_2$ 围岩竖向位移随开挖过程的变化曲线

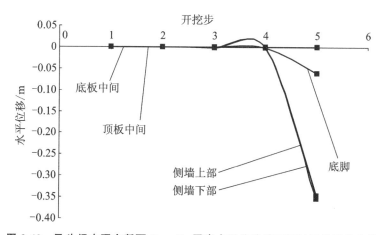

**图 3-40** 马头门大硐室断面 $B_3$—$B_3$ 围岩水平位移随开挖过程的变化曲线

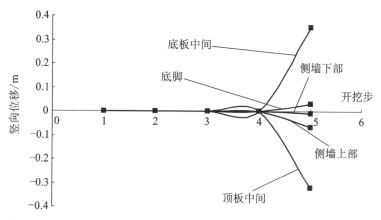

**图 3-41** 马头门大硐室断面 $B_3$—$B_3$ 围岩竖向位移随开挖过程的变化曲线

马头门大硐室产生如此显著的底臌现象,究其原因主要是马头门处于软弱岩层(砂质泥岩和花斑泥岩),加之马头门埋深大、地应力大。由此可见,在马头门设计中,其位置的选择尤为关键,当综合各方面因素,马头门不得已需布置在软弱岩层中时,应实施底板注浆锚杆、底板锚索和反底拱等加强支护的技术措施以控制硐室的底臌现象。

### 3.8.3 各剖面围岩塑性区

井筒剖面和马头门剖面的围岩塑性区分布规律如图 3-42、图 3-43 所示。

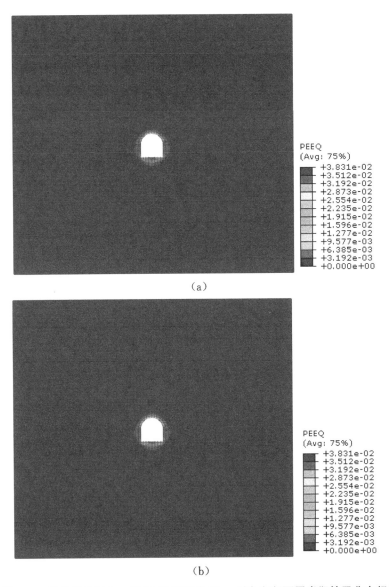

**图 3-42 马头门拨门 5 m 后 10 天和开挖 50 m 后竖向剖面围岩塑性区分布规律**

(a)拨门 5 m 后 10 天;(b)开挖 50 m 后

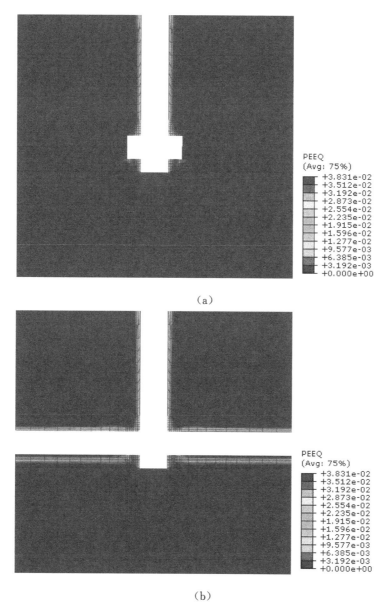

图 3-43　马头门拔门 5 m 后 10 天和开挖 50 m 后纵向剖面围岩塑性区分布规律

(a)拔门 5 m 后 10 天；(b)开挖 50 m 后

由围岩塑性区分布规律可知，围岩塑性区主要分布在各硐室的底部，这与各硐室底臌量大的特征相符。由图 3-43 可知，对于东、西马头门硐室，随着距立井越来越近，底板围岩塑性区范围逐渐增大，在接近马头门与井筒连接处，底板塑性区范围急剧减小，这是因为在计算模型中，井筒两侧 3 m 长马头门硐室二次衬砌与立井井壁同时浇筑（现场施工也是如此），在一定程度上控制了连接处底板围岩塑性区的发展。因此，在对马头门支护结构进行优化时，应考虑上述围岩塑性区的分布范围和形态，即对该塑性区域进行注浆加固处理，以提高该处的围岩承载能力;且如在硐室底部增设底板注浆锚杆时,注浆锚杆长度应大于硐室底部围岩塑性区深度,以防止因围岩流变而造成的塑性区进一步扩展,从而有效地控制围岩的底臌现象。

# 3.9 小　　结

(1) 以淮南矿业(集团)有限责任公司潘一东矿副井马头门为原型,采用 ABAQUS 有限元软件,结合深部地层岩石蠕变试验提出的变参数非线性伯格斯模型,进行基于 ABAQUS 用户本构关系的二次开发,并成功应用于深立井马头门围岩历时稳定性的三维数值模拟分析。

(2) 揭示了马头门围岩位移场和应力场分布规律以及支护结构的受力特征,并指出深立井马头门"历时三区转化"规律。马头门硐室上下段井壁开挖后,在马头门上下连接段的井壁周围形成最初的马头门连接硐室围岩"应力突变区"。在马头门拨门双向迎头方向开挖 5 m 后,最大主应力变化剧烈并逐渐转移,在马头门上下、左右四个拐角区域形成马头门连接硐室围岩"应力转移区"。随着东、西马头门的掘进和时间的推移,在马头门顶板和底板上方的围岩应力也在一定范围内逐渐集中和转移,并相互叠加影响,围岩最大主应力在"L"形区域集中程度趋缓,最终形成马头门交叉大硐室围岩"应力叠加区"。

(3) 建立了一套完整的大型深立井马头门历时数值分析方法,可对马头门的围岩稳定性进行评价,依据数值分析结果,提出了深立井马头门的加强支护设计理念,能够为马头门支护结构的加强和优化设计提供有力依据。

# 4  煤矿深立井连接硐室群围岩数值模拟及分析

## 4.1  蠕变本构模型

### 4.1.1  ABAQUS 模拟的蠕变本构模型

本次模拟使用的本构模型为 Drukcer-Prager 模型,对于 ABAQUS 中的这一模型,一般为经典 Drukcer-Prager 模型的改进扩展。改进扩展的 Drucker-Prager 模型能模拟压缩屈服强度比拉伸强度大得多的材料,模拟材料亦可具有各向同性硬化或软化,还可以模拟出在特定蠕变函数下岩体的长期非弹性变形。

在 ABAQUS/Standrad 中,三种屈服面函数曲线如图 4-1 所示。

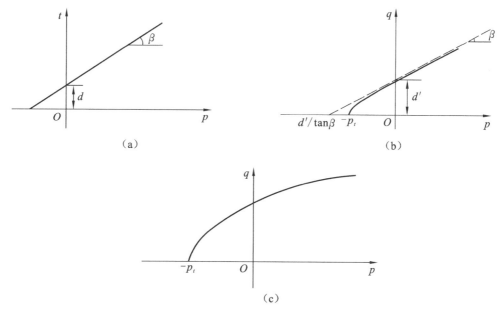

（a）

（b）

（c）

**图 4-1  三种屈服面函数曲线**

（a）线性 Drucker-Prager 模型：$F = t - p\tan\beta - d = 0$；（b）双曲线 Drucker-Prager 模型：$F = \sqrt{d'/\tan\beta + q^2} - p\tan\beta - d' = 0$；

（c）指数形式 Drucker-Prager 模型：$F = aq^b - p - p_t = 0$

### 4.1.2 单元类型

本模型采用三维实体单元来模拟围岩与衬砌,ABAQUS 中提供的实体单元有很多,具有三个方向的自由度,却无旋转自由度。所有实体单元在被赋予截面性质后就定义了材料性质。本模型主要采用六面体单元 C3D8R,这一单元类型能准确完整地定义单元的几何形状,亦能提高模拟运算的精度。

## 4.2 数值计算模型概况

### 4.2.1 工程概况

泊江海子矿副井井筒的净半径为 4.3 m,本模型中南北马头门深度为 $-805$ m,管子道位于 $-780$ m 水平,中央泵室及其通道位于 $-805$ m 水平。硐室群所在埋深的层位岩性以砂质泥岩和粉砂岩为主。在该硐室群中,将马头门、管子道和中央泵室及其通道形状简化为直墙拱形,副井井筒断面为圆形,如图 4-2 所示。

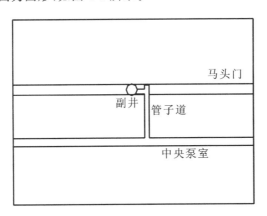

**图 4-2 硐室群平面图示意图**

现场井筒壁厚 850 mm,马头门壁厚 750 mm,管子道壁厚 100 mm。支护前期采用锚网喷技术,采用的钢筋网直径为 6 mm,间距 100 mm×100 mm;锚杆规格为 $\phi22$ mm×2500 mm,间排距为 600 mm×800 mm;锚索规格为 $\phi17.8$ mm×7300 mm,间排距为2000 mm×1600 mm。喷射混凝土的强度选择 C20,其厚度为 100 mm。二次永久支护系统是双层钢筋混凝土衬砌结构,钢筋选用环筋$\oplus$22@250 mm,竖向钢筋所用的是$\oplus$18@250 mm,构造钢筋采用$\phi$8@450 mm,混凝土强度等级为 C40。

### 4.2.2　模型尺寸

结合泊江海子矿副井的地质资料以及硐室群实际情况和CAD资料图,来确定模型的尺寸大小,取长、宽、高分别为120 m、80 m、80 m,管子道位于南马头门上部7 m处,管子道平巷长度为7.5 m,斜巷的倾斜角度为21°,中央泵室巷道与南北马头门巷道在同一水平线上,两巷道中心线的水平距离为50.175 m。在建模中,由于硐室群中巷道的布置存在空间上的相交,位置存在重叠,模型较复杂,故对这些区域周围的单元进行了加密。网格为三维8节点的C3D8R六面体网格,整体模型如图4-3所示。

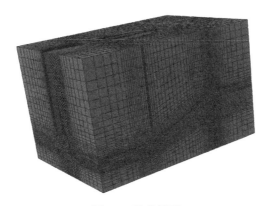

图 4-3　整体模型

### 4.2.3　材料参数

通过查阅现场地质勘察资料,参照众多岩石力学试验结果,计算模型采用的材料基本力学参数见表4-1。

表 4-1　材料基本力学参数

| 材料名称 | 弹性模量/GPa | 泊松比 | 密度/(kg/m³) | 内摩擦角/° | 剪胀角/° | 黏聚力/MPa |
|---|---|---|---|---|---|---|
| 围岩 | 1.5 | 0.35 | 2000 | — | — | — |
| 衬砌 | 20 | 0.2 | 2500 | 27 | 27 | 10 |

### 4.2.4　模型边界的选取

在本模型中边界条件的选取为:模型上表面施加与z轴反向的垂直应力,用来模拟上覆岩层的自重,大小为20 MPa;而模型底板限制竖向位移,其余两个方向限制与其坐标轴一致的方向,即x向和y向位移。

### 4.2.5　模型蠕变参数设置

本模型中利用 ABAQUS 自带的 Druker-Prager Creep 功能,加之强大的用户子程序功能,采用 FORTRAN 编译功能,定义 DSDFLD 及 CREEP 子程序,蠕变模型的具体表达式:

$$\Delta\varepsilon^{cr}=\Delta t A_1\sigma^n(t-\Delta t)^m$$

式中　　$\Delta\varepsilon^{cr}$——蠕变增量;

　　　　$\Delta t$——增量时间;

　　　　$\sigma$——应力;

　　　　$A_1,n,m$——围岩蠕变相关参数。

编译并调用于 ABAQUS 软件中,通过分析步加载蠕变时间进行数值模拟。通过岩石试件单轴蠕变试验数据拟合计算得到围岩蠕变相关参数 $A$、$n$、$m$,并通过子程序输入软件。

蠕变分析步在分步开挖完成之后进行,设置分析步时间为 1200 h,用以模拟蠕变 50 天内围岩应力和位移等变化的趋势,蠕变分析步选用 Visco 类型。

### 4.2.6　硐室群开挖顺序的设定

本模型采用五步开挖,采用静力分析步,通过软件单元的 remove 与 add 功能来实现,开挖步骤如图 4-4 所示,第一步开挖上部井筒,第二步开挖管子道平巷,第三步开挖马头门,第四步开挖马头门主巷以及马头门下部井筒,最后一步开挖中央泵室巷道和管子道。

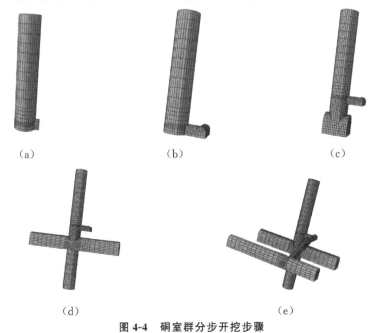

（a）　　　　　　　　　　（b）　　　　　　　　　　（c）

（d）　　　　　　　　　　（e）

**图 4-4　硐室群分步开挖步骤**

（a）第一步;（b）第二步;（c）第三步;（d）第四步;（e）第五步

## 4.3 数值计算结果

本次数值模拟结果主要分为两个阶段:一是模拟地应力平衡;二是模拟开挖阶段的应力场变化。在进行开挖模拟之前,需要模拟岩体位于地下的状态,故要完成加在模型顶部的地层自重,使开挖前岩层的位移足够小,图 4-5 所示为地应力平衡后竖向位移分布情况。从图 4-5 中可以看出,围岩的竖向位移数量级为 $10^{-7} \sim 10^{-6}$,基本上符合位移为零和深厚岩层开挖的条件。

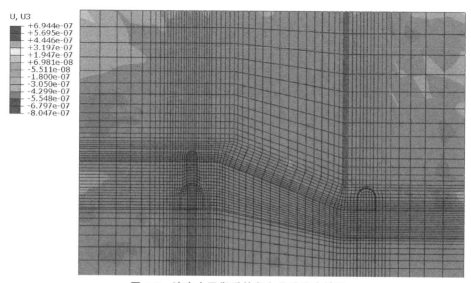

**图 4-5 地应力平衡后的竖向位移分布情况**

平衡地应力之后进行开挖,开挖完成后为了更直观地看到应力场的分布情况,取模型某一剖切面作为输出应力的对象,剖切位置如图 4-6(a)所示。

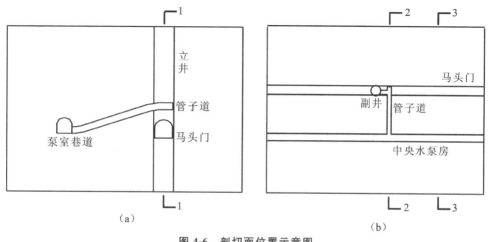

**图 4-6 剖切面位置示意图**

开挖后的蠕变过程是一个漫长的过程,本模型选择的计算周期共为 50 天,在对蠕变结果进行分析时,选取另一个剖面 2—2[图 4-6(b)],分别分析蠕变 5 天、10 天以及 50 天的围岩蠕变应变场和应力场的变化情况。

### 4.3.1  开挖过程中 1—1 剖面围岩应力场及位移场

1—1 剖面通过井筒中心线和马头门巷道顶板中线,在深立井分布开挖过程中,1—1 剖面上围岩最大主应力云图如图 4-7 所示。

煤矿深立井连接硐室群在分步施工中,由于围岩开挖的卸载作用,马头门底板平面出现应力集中现象,马头门底部围岩的最大主应力有增大的趋势,由 0.51 MPa 增大至 1.46 MPa。在最后一个开挖步时马头门底部围岩最小主应力从 11.9 MPa 突变至 9.8 MPa,马头门下段井壁围岩内侧最小主应力从 33 MPa 突变至 24 MPa,上段围岩内侧最小主应力从 28 MPa 降低至 22 MPa,应力突变的位置位于马头门向外 3 m 和 5 m 处。在巷道硐室开挖掘进后,围岩存在应力释放现象,还存在黏弹塑性变形,并释放变形能,所以在马头门上下段连接段井壁处形成了围岩的"应力突变区"。

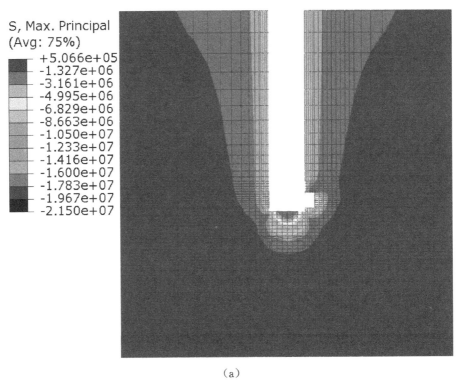

(a)

**图 4-7  1—1 剖面上围岩最大主应力在不同开挖步下的云图**

(a)第一步;(b)第二步;(c)第三步;(d)第四步;(e)第五步

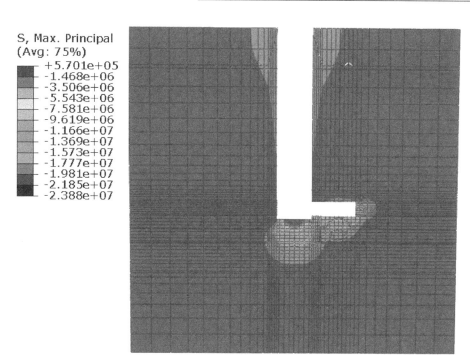

S, Max. Principal
(Avg: 75%)

+5.701e+05
−1.468e+06
−3.506e+06
−5.543e+06
−7.581e+06
−9.619e+06
−1.166e+07
−1.369e+07
−1.573e+07
−1.777e+07
−1.981e+07
−2.185e+07
−2.388e+07

（b）

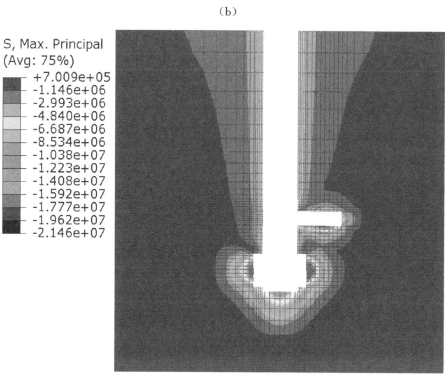

S, Max. Principal
(Avg: 75%)

+7.009e+05
−1.146e+06
−2.993e+06
−4.840e+06
−6.687e+06
−8.534e+06
−1.038e+07
−1.223e+07
−1.408e+07
−1.592e+07
−1.777e+07
−1.962e+07
−2.146e+07

（c）

续图 4-7

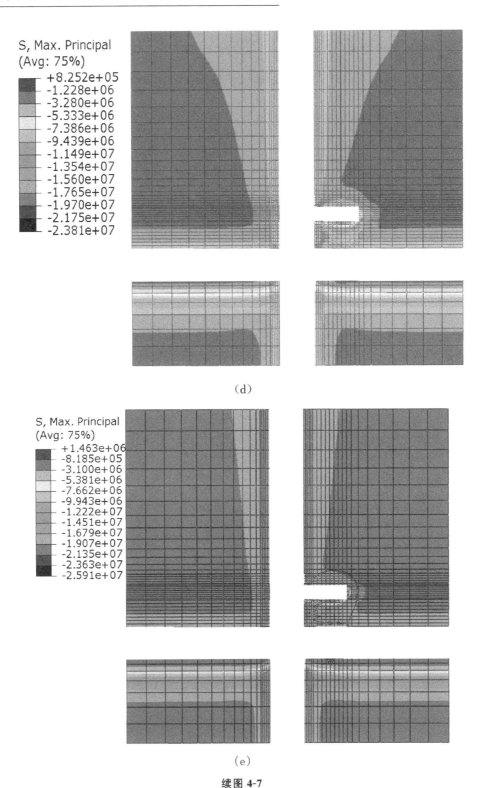

（d）

（e）

续图 4-7

基于分步开挖,马头门顶板和底板的围岩应力也存在释放现象,且释放范围不固定,又因为硐室群结构的空间复杂性,围岩应力存在相互叠加影响。为了直观地分析竖向位移变化的趋势,分别选取马头门底板、管子道平巷底板和上段井壁中心线三条路径,利用ABAQUS的数据输出和Origin的曲线图绘制功能,绘制竖向位移随开挖步变化的曲线图。

如图4-8所示,在第一、第二开挖步中,马头门上方井筒和管子道平巷的开挖,造成井筒开挖部分底部应力集中,底部施工面围岩向上隆起,使马头门开挖部分顶面臌起,位移为30 mm。随着第三步的开挖,马头门底板产生应力集中现象,并产生向上的位移,由30 mm增大至80 mm,然后逐渐减小趋于稳定。

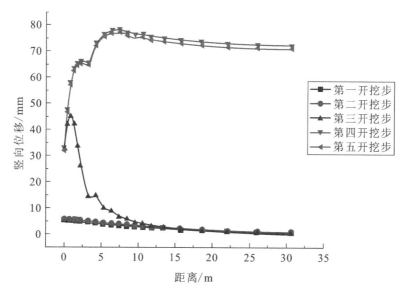

**图 4-8　马头门底板中线竖向位移与开挖步的关系曲线**

如图4-9所示,上段井壁在第一开挖步中就有8 mm竖向位移,随着深度的增加位移有小幅度的增加,随着开挖步的进行位移逐渐减小。

如图4-10所示,中间段井壁围岩处于管子道平巷和东马头门之间,这段井壁距离马头门顶板5 m处存在前文提到的应力突变区,故在这个位置出现竖向位移的突变,但是减小的幅度很小。

如图4-11所示,管子道0~2 m长度内围岩在第一步开挖,故这一长度内的顶板在第一开挖步中就存在向上的位移,达到25 mm。T形交叉管子道开挖,使得底板隆起,位移由25 mm增大至45 mm。在第三、四步马头门巷道的开挖过程中,管子道下方附近巷道开挖造成周围围岩产生应力卸载效应,应力在巷道周围集中,管子道位移相对减小,有明显向下的趋势。

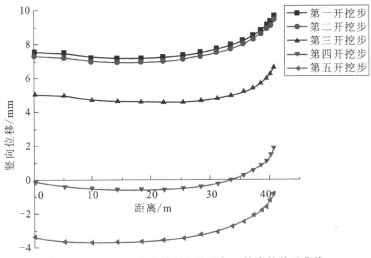

图4-9 上段井壁中心线竖向位移与开挖步的关系曲线

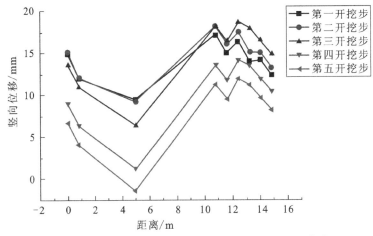

图4-10 中间段井壁围岩竖向位移与开挖步的关系曲线

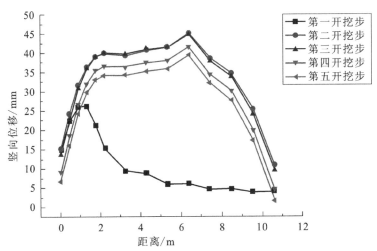

图4-11 管子道平巷底板竖向位移与开挖步的关系曲线

### 4.3.2 模拟蠕变阶段 2—2 剖面围岩应力、应变及位移场

为研究硐室群巷道围岩长期蠕变特性,即研究硐室群围岩变形破坏的时效性和空间性,本小节在 2—2 剖面上选取硐室群开挖蠕变后 5 天、10 天、25 天、50 天的应力场、位移场、应变场及塑性区域的云图进行分析,如图 4-12 至图 4-19 所示。

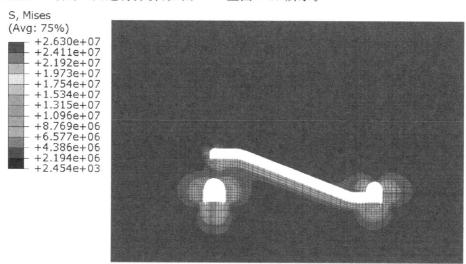

**图 4-12 开挖完成时的应力云图**

整体开挖完成时,围岩的 Mises 应力为 26.3 MPa,蠕变 50 天后围岩的 Mises 应力减小至 19.1 MPa。图 4-13 给出了围岩蠕变最大主应力随时间的演化规律,随着蠕变的进行,巷道围岩的应力状态随时间的推移发生了明显的变化,并在巷道表面处于稳定状态,应力松弛

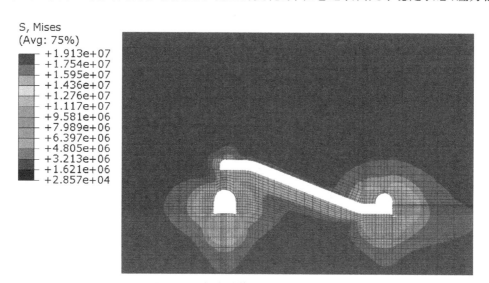

**图 4-13 蠕变计算 50 天的应力云图**

区域的应力逐渐减小,随着时间的推移,逐渐出现拉伸应力,且有增大的趋势。从图 4-13 所示应力云图中可以看出,随着时间的推移,在巷道底部和两帮应力集中范围在不断增大,这种日渐明显的时效性是工程中需要格外注意的。

在硐室群开挖完毕时,管子道、主巷及泵室巷道围岩的最大竖向位移为 93.39 mm (图 4-14),位置在马头门底板面上,同样随着围岩的蠕变计算时间的增加,马头门底板的最大竖向位移增大到 925.8 mm(图 4-15)。通过蠕变位移云图可以看出,开挖卸载的影响范围在不断减小,大部分围岩随着时间的推移趋于稳定状态。

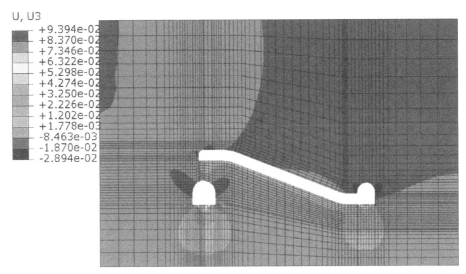

**图 4-14  整体开挖完成时围岩的竖向位移云图**

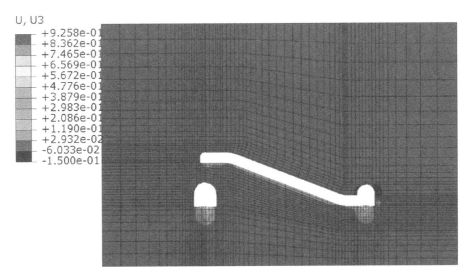

**图 4-15  蠕变模拟 1200 h 后围岩的竖向位移云图**

从图 4-16 至图 4-18 中可以看出,巷道变形量在开挖阶段的变形趋势基本上为直线,增幅很大,开挖完成后,在岩石蠕变特性的影响下变形增幅减小,位移基本上趋于稳定状态。

从图 4-16 至图 4-18 中可以大致得出顶板变形量达到 40 mm 左右,底臌量为 760 mm,侧帮变形量达到 300 mm。

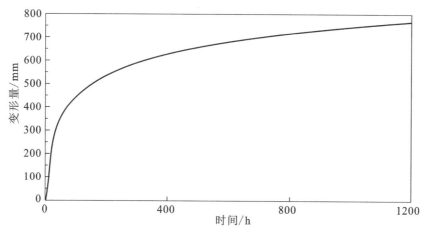

图 4-16 马头门底板节点变形随时间的变化曲线

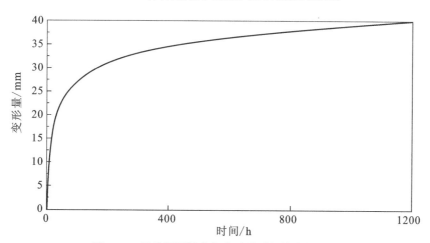

图 4-17 马头门顶板节点变形随时间的变化曲线

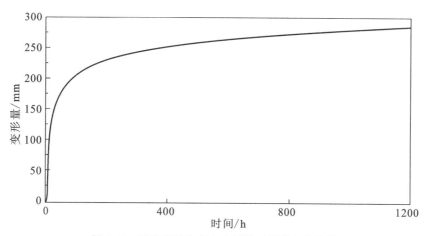

图 4-18 马头门侧向节点变形随时间的变化曲线

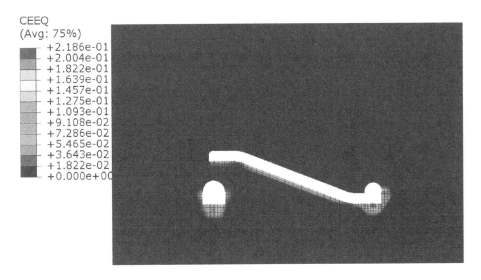

**图 4-19　蠕变 50 天后 2—2 剖面应变分布**

### 4.3.3　3—3 剖面围岩应力场及位移场分析

3—3 剖面位于硐室群东马头门斜巷道东侧,图 4-20、图 4-21 所示为开挖结束时与蠕变 50 天的 Mises 应力变化云图。

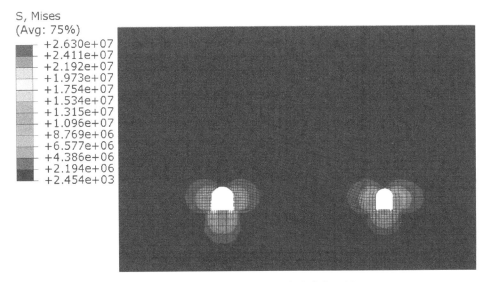

**图 4-20　开挖结束时的 Mises 应力变化云图**

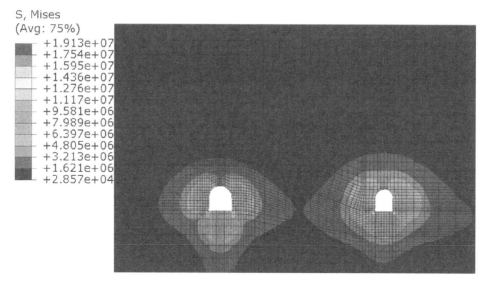

**图 4-21　蠕变 50 天的 Mises 应力变化云图**

由图 4-20 可以看出,开挖结束时 Mises 应力最大为 26 MPa,应力集中的范围在马头门巷道和中央泵室巷道周围 3～5 m 范围内。由图 4-21 可知,经过 50 天的蠕变,Mises 应力减小至 19.1 MPa,应力集中的范围有所扩大。为了分析 3—3 剖面上,马头门巷道和中央泵室巷道出现应力集中现象的位置,选取 3—3 剖面五个位置的点(主巷底板中点 $A$、主巷顶板中点 $B$、主巷直墙下端点 $C$、中央泵室巷道底板中点 $D$ 以及泵

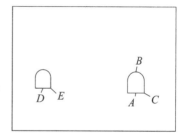

**图 4-22　关键点选取示意图**

室底角点 $E$)作为研究对象(图 4-22),绘制出曲线图分析其变化的趋势(图 4-23 至图 4-27)。

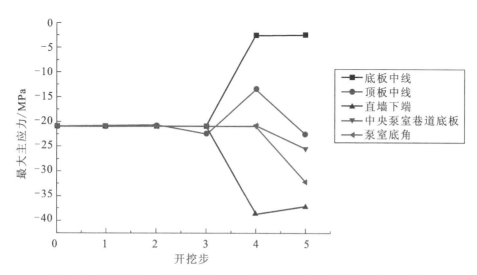

**图 4-23　马头门及中央泵室巷道 3—3 剖面最大主应力随开挖步的变化曲线**

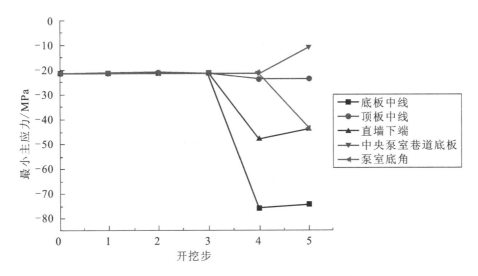

**图 4-24** 3—3 剖面最小主应力与开挖步的关系曲线

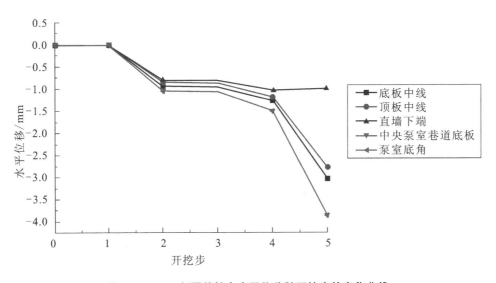

**图 4-25** 3—3 剖面关键点水平位移随开挖步的变化曲线

如图 4-23 所示,这几个关键点的最大主应力随开挖步的持续存在应力突变的现象,因为在开挖过程中存在应力释放,顶板和底板所受力的状态也不同。水平位移曲线(图 4-25)中所取关键点的位移变化幅度不大,最大位移为 4 mm,而竖向位移(图 4-26)就存在顶部隆起和底臌现象,二者位移方向相反。在第三开挖步马头门开挖,由于应力释放导致位移发生突变,产生显著的底臌现象,究其原因,主要是马头门处的围岩性质问题,另外马头门埋深较大,地应力大。

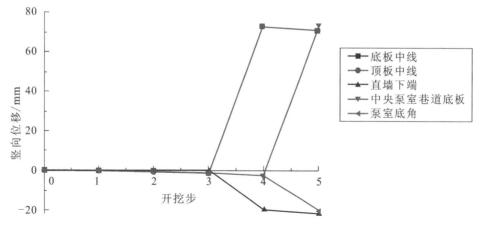

**图 4-26** 3—3 剖面关键点竖向位移随开挖步的变化曲线图

如图 4-27 所示,增加了巷道断面直墙中点的水平位移与其他关键点的对比,发现巷道两帮位移大小在开挖步增大至 60 mm、70 mm 时,位移方向相反。同样中央泵室在第五开挖步开挖时水平位移增大至 60 mm、65 mm。

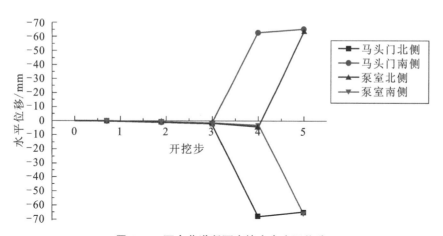

**图 4-27** 两个巷道断面直墙中点水平位移

## 4.3.4 1—1 剖面与 2—2 剖面围岩应力场历时变化分布

由图 4-28 至图 4-33 可知,应力集中区域分布在各个硐室的底部,与硐室底臌的现象相吻合,塑性区亦分布在硐室底板,随着蠕变时间的增加,应力集中区域逐渐增大。由于在数值模拟开挖中,开挖与支护放在同一个分析步中,这与施工中的及时支护相对应,故在施工中对马头门支护结构进行优化时,需要考虑应力突变和围岩塑性区域的分布和范围,以此来提高马头门支护的利用率,防止因围岩蠕变而造成的塑性区的加大。

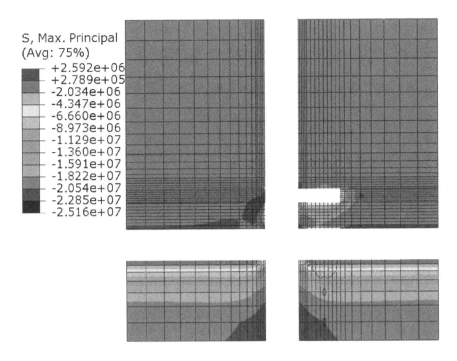

**图 4-28** 1—1 剖面蠕变 5 天后围岩最大主应力分布

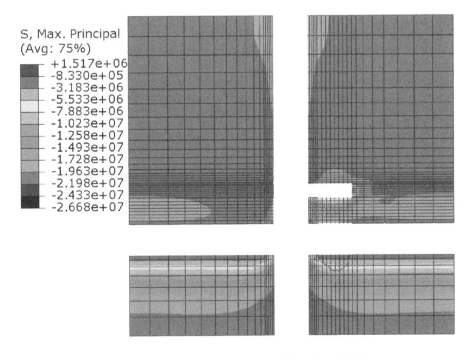

**图 4-29** 1—1 剖面蠕变 25 天后围岩最大主应力分布

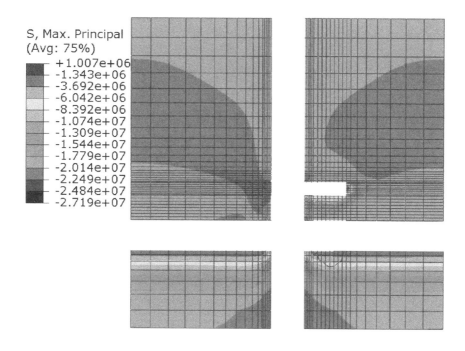

图 4-30　1—1 剖面蠕变 50 天后围岩最大主应力分布

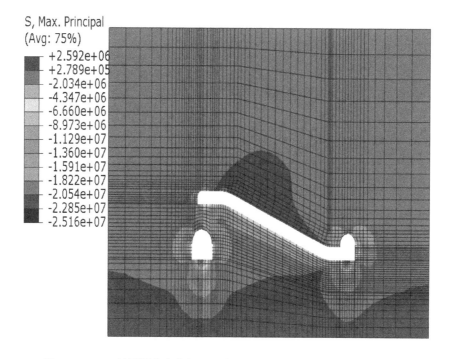

图 4-31　2—2 剖面围岩应力场及位移场分析蠕变 5 天后最大主应力分布

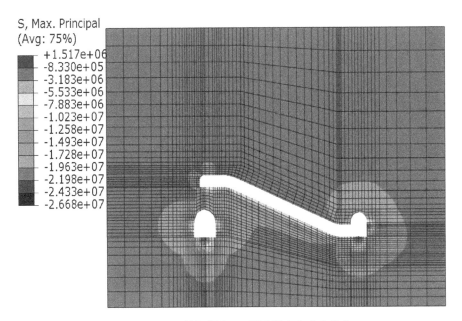

图 4-32　2—2 剖面蠕变 25 天后最大主应力分布

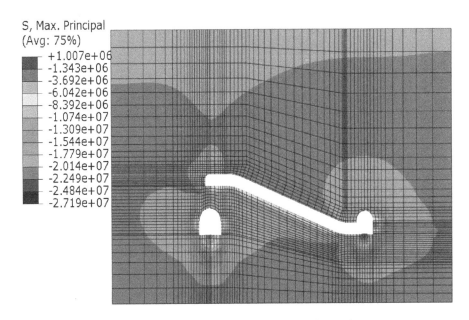

图 4-33　2—2 剖面蠕变 50 天后最大主应力分布

## 4.4 小 结

（1）以泊江海子矿深立井连接硐室群中主巷、中央泵室巷道、管子道为研究原型，借助 ABAQUS 软件强大的后处理功能，对模型施加应力场和位移场，并基于该软件的用户场定义和蠕变的二次开发，对这一硐室群分布开挖过程及开挖后围岩蠕变过程中围岩的应力、位移、塑性区域等进行了研究。

（2）在硐室群开挖-支护过程中，通过分析每个开挖步的应力分布规律和竖向位移曲线，得出由于马头门连接巷道与管子道的空间存在交叉，且开挖前后发生的应力卸载的区域相互叠加，管子道底板的位移存在减小的现象，应力达到 50 MPa，且竖向位移偏大，因此在实际开挖施工中需要及时支护，并加强支护，防止变形过大影响正常使用。

（3）展现了硐室群分步开挖的位移场和应力场分布规律以及蠕变变形的应力、应变和位移变化规律。因蠕变影响导致竖向位移由 93.39 mm 增加至 925.8 mm，虽然 ABAQUS 软件中提供的蠕变方程存在一定的局限性，但是在施工中也需要对蠕变效应引起的位移变化予以重视。

（4）通过大量应力场、位移场分布图的分析，建立了深立井硐室群数值模拟方法，可对硐室群围岩稳定性与时空性的关系进行评价，并依据数值分析结果，为马头门支护设计、施工提出可行性建议。

# 5 深立井马头门围岩响应规律试验研究

马头门是矿井的关键部位,是设备、材料和人员的转运点,其特点是位置特殊,设计断面大,服务年限长。由于深立井马头门施工过程中,该处衬砌结构和围岩的受力和变形特性较复杂,本章通过相似模型试验模拟井筒马头门的开挖状况,并在开挖的各个阶段,通过电阻式传感器测试系统、光纤测试系统和电法测试系统,监测井筒和马头门不同开挖阶段的应力和变形情况,从而获得深立井马头门围岩的应力、应变分布规律以及受开挖影响的塑性区范围,为进行合理的支护设计提供可靠的依据。

## 5.1 相 似 准 则

物理模型试验是一种发展较早、应用广泛、形象直观的岩体介质物理力学特性研究方法。长期以来,模型试验一直是解决复杂工程问题的重要手段,在地下工程及其他岩土工程研究中已经得到广泛应用。模型试验的基础是相似理论,即要求模型和原型相似,模型能够反映原型的情况。根据相似理论,在模型试验中用相似材料来制作模型。相似材料的选择、配合比以及试验模型的制作方法对材料的物理力学性质具有很大的影响,对模型试验的成功与否起着决定性的作用。在模型试验研究中,选择合理的模型材料及配合比具有重要的意义。

根据相似理论和弹性力学的基本原理,对于矿山地下工程,主要考虑几何相似、物理相似和动力学相似准则,要使两系统相似,只需要满足几何条件、静力学和动力学上的相似。由于相似模拟系统满足准静态加载条件,不考虑动力学方面的相似条件。采用方程分析法推导出深立井马头门静力模型相似指标为:

(1)几何相似

$$C_l = \frac{l_p}{l_m} \tag{5-1}$$

式中　$C_l$——几何相似常数;

　　　$l_p$——实际地下结构尺寸;

　　　$l_m$——模型尺寸。

(2)堆密度相似

$$C_\gamma = \frac{\gamma_p}{\gamma_m} \tag{5-2}$$

式中　$C_\gamma$——堆密度相似常数；

　　　$\gamma_p$——实际地下硐室地层围岩堆密度；

　　　$\gamma_m$——模型材料堆密度。

（3）应力与强度相似

$$C_\sigma = \frac{\sigma_p}{\sigma_m} = C_l C_\gamma \tag{5-3}$$

式中　$C_\sigma$——应力与强度相似常数；

　　　$\sigma_p$——实际地下硐室地层围岩应力与强度；

　　　$\sigma_m$——模型材料应力与强度。

（4）荷载相似

$$C_p = \frac{P_p}{P_m} = C_\sigma \tag{5-4}$$

式中　$C_p$——荷载相似常数；

　　　$P_p$——实际地下硐室地层围岩荷载；

　　　$P_m$——模型材料荷载。

（5）弹性模量相似

$$C_E = \frac{E_p}{E_m} \tag{5-5}$$

式中　$C_E$——弹性模量相似常数；

　　　$E_p$——实际地下硐室地层围岩弹性模量；

　　　$E_m$——模型材料弹性模量。

（6）物理方程

$$C_\sigma = C_E C_\varepsilon \tag{5-6}$$

式中　$C_\varepsilon$——应变相似常数；

## 5.1.1　几何相似常数

本次试验在自制的深立井马头门试验装置(图 5-1)中进行,试验装置的长为 2500 mm、宽为 1000 mm、高为 1600 mm(图 5-2 和图 5-3)。本次模型试验以淮南矿业(集团)有限责任公司潘一东矿副井马头门为原型。该马头门位于－850 m,副井井筒断面为圆形,掘进荒径为 10.3 m,马头门为直墙半圆拱形,墙高为 4.8 m,圆拱半径为 4.55 m;初期支护均采用锚喷网支护形式,其中锚杆规格为 $\phi$22 mm×2500 mm,间排距为 800 mm×800 mm,喷射混凝土强度为 C20,喷层厚度为 100 mm;二次支护结构为钢筋混凝土衬砌,混凝土强度为 C50。

根据深立井马头门试验装置和潘一东矿副井马头门的几何尺寸,确定深立井马头门模型试验的几何相似常数 $C_l$=50，由此可得模型井筒掘进荒径为 206 mm，马头门为直墙半圆拱形，墙高为 96 mm，圆拱半径为 91 mm。根据几何相似常数 $C_l$，模型上测得的位移放大50 倍即为原型产生的位移量。

图 5-1　深立井马头门试验装置实物图

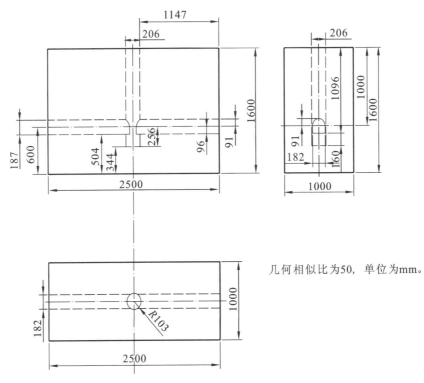

几何相似比为50，单位为mm。

图 5-2　深立井马头门试验装置几何尺寸

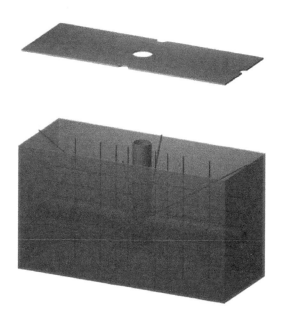

图 5-3 深立井马头门试验装置三维效果图

## 5.1.2 相似材料

相似材料是进行相似材料模型试验的必要条件之一。选择合适的相似材料应满足研究对象所要求的相似条件,相似材料模型试验的结果才能准确地反映所模拟原型的规律。在本次试验中,选择河砂、石膏以及生石灰等材料来模拟地层特性。

在前期相似材料试验的基础上,选取两种配合比(砂子：石膏：石灰):2：0.6：0.4 以及 3：0.6：0.4,制作 100 mm×100 mm×100 mm 试块(图 5-4)进行抗压试验,得到不同养护天数的单轴抗压强度,详见表 5-1。

图 5-4 制作的相似材料试块

表 5-1　相似材料不同养护天数的单轴抗压强度

| 天数/天 | 组号 | 配合比(砂子：石膏：石灰) | 试块抗压强度/MPa | | | | 备注 |
|---|---|---|---|---|---|---|---|
| | | | 1号试块 | 2号试块 | 3号试块 | 平均强度 | |
| 1 | 1 | 2：0.6：0.4 | — | 1.10 | 0.99 | 1.05 | 砂子为河砂,石膏为军功牌模型石膏粉,石灰为立方牌灰钙粉。2：0.6：0.4和3：0.6：0.4两种配合比的用水量分别为20%和17% |
| | 2 | 3：0.6：0.4 | 0.47 | 0.46 | 0.46 | 0.46 | |
| 3 | 1 | 2：0.6：0.4 | 0.94 | 1.08 | 1.09 | 1.04 | |
| | 2 | 3：0.6：0.4 | 0.51 | 0.55 | — | 0.53 | |
| 9 | 1 | 2：0.6：0.4 | 1.11 | — | — | 1.11 | |
| | 2 | 3：0.6：0.4 | 0.61 | — | 0.52 | 0.57 | |

由表 5-1 可见,两种配合比的相似材料单轴抗压强度随着养护时间延长增长不明显,配合比(砂子：石膏：石灰)为 2：0.6：0.4 的相似材料单轴抗压强度在 1 MPa 左右,配合比(砂子：石膏：石灰)为 3：0.6：0.4 的相似材料单轴抗压强度在 0.5 MPa 左右。根据试验装置和地层特性状况,本次试验相似材料选取配合比(砂子：石膏：石灰)为 3：0.6：0.4 的相似材料。

在大型钢结构试验模型浇筑过程中,制作 100 mm×100 mm×100 mm 试块,跟踪测定试验过程中的相似材料是否满足要求。模型试验同期(3 天)得到的相似材料单轴抗压强度详见表 5-2。由表 5-2 可知,试验模型浇筑过程中预留的相似材料单轴抗压强度为 0.6 MPa 左右,比前期试配材料时的单轴抗压强度略有增加,但波动范围仍在试验要求范围之内。

表 5-2　模型试验同期(3 天)的相似材料单轴抗压强度

| 组号 | 配合比 | 试块抗压强度/MPa | | | | 备注 |
|---|---|---|---|---|---|---|
| | | 1号试块 | 2号试块 | 3号试块 | 平均强度 | |
| 1 | 3：0.6：0.4 | 0.52 | 0.53 | — | 0.53 | 砂子为河砂,石膏为军功牌模型石膏粉,石灰为立方牌灰钙粉,用水量为17% |
| 2 | | 0.65 | — | 0.66 | 0.66 | |
| 3 | | 0.64 | 0.59 | 0.61 | 0.61 | |
| 4 | | 0.60 | 0.69 | 0.71 | 0.67 | |

### 5.1.3 荷载相似常数

设应变相似常数 $C_\varepsilon$ 为 1,联立式(5-4)与式(5-6)可得:

$$C_P = C_\sigma = C_E \qquad (5-7)$$

由式(5-7)可知,荷载相似常数 $C_P$ 必须与弹性模量相似常数 $C_E$ 相等,在大型钢结构试验模型浇筑过程中,制作 300 mm×100 mm×100 mm 试块,测得模型试验同期(3 天)相似材料弹性模量和泊松比,详见表 5-3。由表 5-3 可知,模型试验的相似材料弹性模量为 0.84 GPa,泊松比为 0.23。潘一东矿副井马头门围岩力学性能试验结果见表 5-4。由表 5-4 可知,潘一东矿副井马头门围岩弹性模量平均值为 18.0 GPa,泊松比平均值为 0.23。

表 5-3 相似材料弹性模量和泊松比

| 组号 | 配合比 | 弹性模量/GPa | | | | 泊松比 | | | | 备注 |
| | | 1 号试块 | 2 号试块 | 3 号试块 | 平均值 | 1 号试块 | 2 号试块 | 3 号试块 | 平均值 | |
| 1 | 3:0.6:0.4 | 0.82 | 0.82 | 0.77 | 0.80 | 0.20 | 0.23 | 0.16 | 0.20 | 砂子为河砂,石膏为军功牌模型石膏粉,石灰为立方牌灰钙粉,用水量为 17% |
| 2 | | 0.88 | 0.85 | 0.84 | 0.86 | 0.18 | 0.29 | 0.25 | 0.24 | |
| 3 | | — | — | 0.87 | 0.87 | — | — | 0.26 | 0.26 | |
| | | 弹性模量平均值 | | | 0.84 | 泊松比平均值 | | | 0.23 | |

表 5-4 潘一东矿副井马头门围岩力学性能试验结果

| 取样编号 | 岩石名称 | 抗压强度/MPa | 平均抗压强度/MPa | 弹性模量/GPa | 泊松比 $\mu$ |
| --- | --- | --- | --- | --- | --- |
| W₄ | 砂质泥岩 | 20 | 22.2 | 20.0 | 0.22 |
| | | 17.6 | | | |
| | | 29 | | | |
| W₅ | 花斑泥岩 | 10.2 | 13.8 | 15.9 | 0.23 |
| | | 17.8 | | | |
| | | 13.6 | | | |

由此可得,弹性模量相似常数: $C_E = 18.0/0.84 = 21$,泊松比相似常数: $C_\mu = 0.23/0.23 = 1$。从而,荷载相似常数 $C_P$ 和应力与强度相似常数 $C_\sigma$ 为 21。

# 5.2 相似模型试验系统

## 5.2.1 试验模型制作和安装

本次试验井筒和马头门的喷射混凝土强度为 C20,喷层厚度为 100 mm,根据原型和模型结构 $EI$ 相等原则,采用0.5 mm厚的白铁皮制成井筒及马头门模型,模拟该处的喷射混凝土结构,如图 5-5 所示。如图 5-6 所示,用木块模拟井筒及马头门开挖处的岩体材料,其中模拟井筒开挖的模型材料半径 $R=103$ mm,厚度为 60 mm,如图 5-7 所示;模拟马头门开挖的模型材料如图 5-8 所示,为直墙半圆拱形式,其尺寸分别为半径 $R=91$ mm,直墙高96 mm、厚 60 mm。

图 5-5 井筒及马头门模型

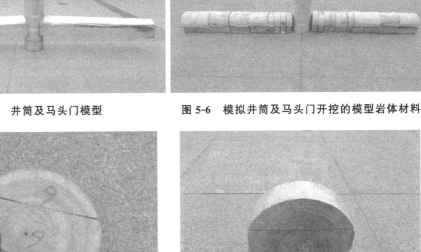

图 5-6 模拟井筒及马头门开挖的模型岩体材料

图 5-7 模拟井筒开挖的模型材料

图 5-8 模拟马头门开挖的模型材料

　　井筒及马头门模型试验材料准备就绪后,即按试验方案在试验箱中布设八条竖向光纤,如图5-9所示。待到试验箱中的充填材料埋至距底面354 mm处,布设5号水平光纤,继续填埋充填材料,至距5号光纤100 mm处,布设4号水平光纤,当充填材料填至距底端504 mm处,安装已充填木块的井筒及马头门模型,如图5-10所示。在下放过程中,还要进行相应的测试元件焊线工作,如图5-11所示。待一切准备就绪后,将试验模型下放至相应的位置,并将其底部用充填材料填密实,如图5-12所示。

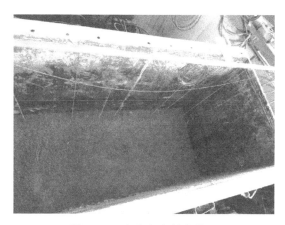

图5-9　八条竖向光纤布置图

图5-10　试验模型下放图

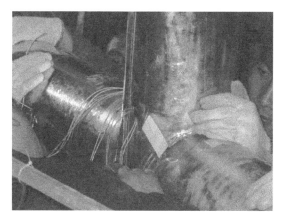

图5-11　试验模型的焊线图

图5-12　井筒和马头门模型安装完毕

　　待到充填材料填至马头门模型的腰线处,沿井筒中心线两侧,垂直于马头门走向方向,对称布置X1、X2、X3、X4号水平光纤,其中X2、X3与井筒中心线的间距为100 mm,X1、X4与井筒中心线的间距为200 mm。与此同时,开始布设电法测线,分别布置在马头门处的四个方向,如图5-13所示。继续填埋充填材料至马头门顶部50 mm处,布设3号水平光纤。当充填材料填至距3号水平光纤200 mm处时,布设2号水平光纤。继续填埋充填材料至距2号水平光纤200 mm处,布设1号水平光纤。当充填材料填至距试验箱顶端100 mm处时,将竖向和水平光纤从试验箱侧壁处引出,光纤布置工作完成。待充填材料填至距试验箱顶端30～40 mm处时,沿马头门走向方向,布设最后一条电法测线,并将试验箱填满,如图5-14所示。然后放置模型试验箱上盖(图5-15),并安装4个1000 kN的油缸和反力架。至此,试验模型制作和安装完成,如图5-16所示。在布设光纤和电法测线的过程中,压力盒布置工作按既定试验方案布置,此处不再赘述。

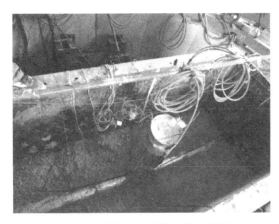

图5-13　电法测试系统光缆布置图

图5-14　模型试验箱中填满相似材料

图5-15　安装模型试验箱上盖

图5-16　模型试验系统

## 5.2.2　模型试验测试系统

(1)光纤测试系统

井筒和马头门围岩的变形用光纤传感器测试,共布设17根光纤,布设位置如图5-17所示,其中,竖向由北至南标识为:A、B、C、D、E、F、G、H线,横向由上至下标识为:1、2、3、4、5线,水平向由北至南标识为:X1、X2、X3、X4线,如图5-18所示;数据采集如图5-19所示。

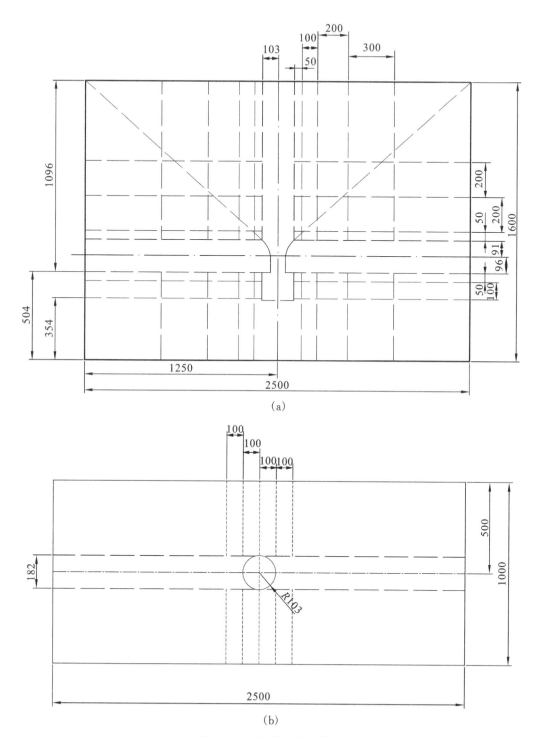

(a)

(b)

**图 5-17 光纤的布设位置图**

(a)竖向剖面光纤布设位置;(b)水平剖面光纤布设位置

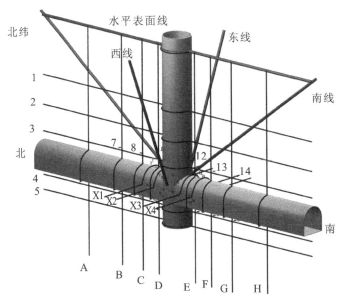

图 5-18　光纤和电法测线编号

图 5-19　光纤数据采集

（2）电阻式传感器测试系统

本次模型试验布置两种类型的电阻式传感器：一种是自制的压力盒，共设 14 个压力盒（图 5-20），测量马头门开挖过程中的围岩应力变化；另一种是应变片，共布设 28 片应变片（图 5-20），其中单号分别对应井筒环向和马头门走向，双号分别对应井筒竖向和马头门环向。数据采集系统如图 5-21 所示。

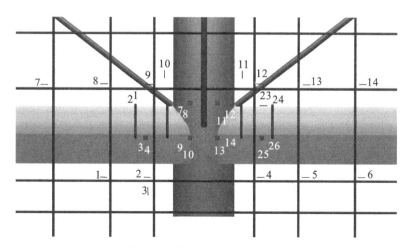

图 5-20　压力盒和应变片布设图

图 5-21　电阻式传感器数据采集系统

（3）电法测试系统

本次试验用五条测线对试验模型进行监测,测线现场布置如图 5-18 所示。五条电法测线分别标识为东、南、西、北、水平表面线。东测线长 1000 mm,共有 32 个电极,电极序号为 1~32,极距是 32.2 mm,该测线与水平方向夹角为 68°。西测线长 1000 mm,共有 32 个电极,电极序号为 33~64,极距是 32.2 mm,该测线与水平方向夹角为 68°。南测线长 1500 mm,共有 64 个电极,电极序号为 1~64,极距是 23.8 mm,该测线与水平方向夹角为 38°。北测线长 1500 mm,共有 64 个电极,电极序号为 1~64,极距是 23.8 mm,该测线与水平方向夹角为 38°。水平地表测线长 2000 mm，共 64 个电极，电极序号为 1～64，极距是 31.7 mm，测线与水平方向夹角为 0°。电法测试数据采集如图 5-22 所示。

**图 5-22　电法测试数据采集**

### 5.2.3　模型试验加载和测试方案

（1）三个数据测试系统采集数据（电阻式传感器测试系统、光纤测试系统和电法测试系统，如图 5-23 所示）。

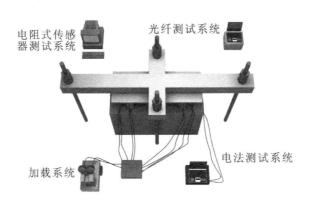

**图 5-23　数据测试系统**

（2）按表 5-5 所列步骤，通过模型试验加载系统（图 5-24）施加地应力荷载直到第 16

步,每一步荷载稳压 2~3 min,并采集一次数据。

(3)保持油缸压力 30 min,三个数据测试系统采集数据。

(4)每开挖一个段高(井筒共 16 个段高,马头门共 8 个段高),三个数据测试系统采集数据。

(5)保持油缸压力 3 h,每小时三个数据测试系统采集一次数据。

(6)分别从两边开挖马头门剩余段高,三个数据测试系统采集数据。

(7)保持油缸压力 14 h,每小时三个数据测试系统采集一次数据。

图 5-24　模型试验加载系统

表 5-5　施加荷载步表

| 荷载步 | 施加油缸油压/MPa | 每个油缸荷载/kN | 地应力/MPa |
|---|---|---|---|
| 1 | 0.5 | 15.625 | 0.025 |
| 2 | 1 | 31.25 | 0.05 |
| 3 | 1.5 | 46.875 | 0.075 |
| 4 | 2 | 62.5 | 0.1 |
| 5 | 2.5 | 78.125 | 0.125 |
| 6 | 3 | 93.75 | 0.15 |
| 7 | 3.5 | 109.375 | 0.175 |

**续表5-5**

| 荷载步 | 施加油缸油压/MPa | 每个油缸荷载/kN | 地应力/MPa |
|---|---|---|---|
| 8 | 4 | 125 | 0.2 |
| 9 | 4.5 | 140.625 | 0.225 |
| 10 | 5 | 156.25 | 0.25 |
| 11 | 5.5 | 171.875 | 0.275 |
| 12 | 6 | 187.5 | 0.3 |
| 13 | 6.5 | 203.125 | 0.325 |
| 14 | 7 | 218.75 | 0.35 |
| 15 | 7.5 | 234.375 | 0.375 |
| 16 | 8 | 250 | 0.4 |

### 5.2.4 模型试验井筒和马头门开挖

在井筒和马头门模型中装入特制的木块,用自制的工具拽出井筒和马头门木块(图 5-25),模拟井筒和马头门开挖过程,木块厚度为 60 mm,相当于一次开挖井筒段高为 3.0 m,先开挖井筒(图 5-26 和图 5-27),再沿马头门南北方向分别开挖 4 个段高(图 5-28 和图 5-29)。

**图 5-25 井筒和马头门开挖过程图**

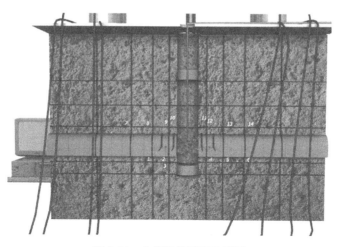

图 5-26 井筒开挖过程示意图

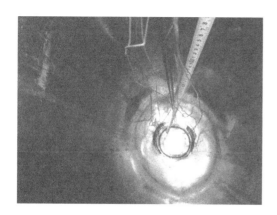 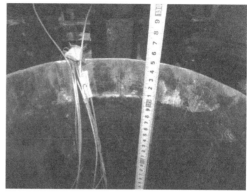

图 5-27 开挖完成后的井筒

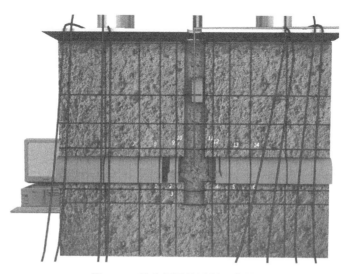

图 5-28 马头门开挖过程示意图

图 5-29　开挖完成后的马头门

# 5.3　试验结果分析

## 5.3.1　围岩应力和变形

（1）施加地应力荷载时围岩变形

图 5-30 至图 5-34 所示为不同荷载作用下，南北横向测线 1 至 5 的应变变化。由图 5-30 至图 5-34 可知，在荷载作用下相似材料被压缩，南北横向测线两端固定，使光纤受拉；由于模型相似材料的不均匀性，光纤的受拉区分布不均匀，总体呈由上往下部递减的趋势；井筒下部岩体受压明显，光纤拉应变显著。

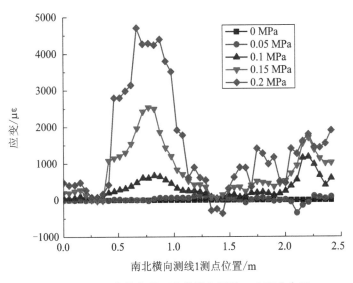

图 5-30　不同荷载作用下南北横向测线 1 应变分布图

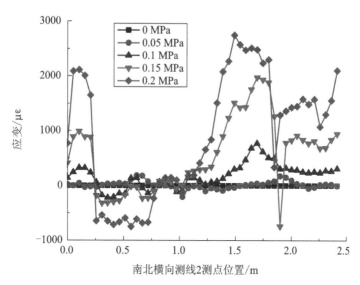

图 5-31　不同荷载作用下南北横向测线 2 应变分布图

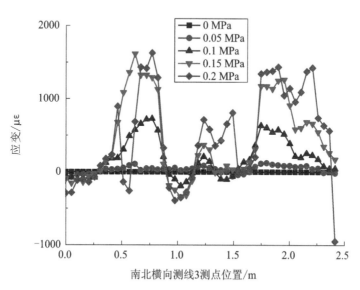

图 5-32　不同荷载作用下南北横向测线 3 应变分布图

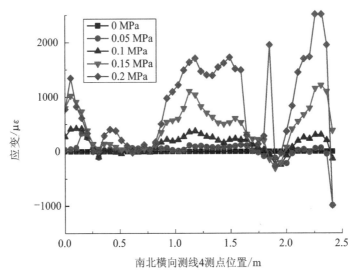

**图 5-33   不同荷载作用下南北横向测线 4 应变分布图**

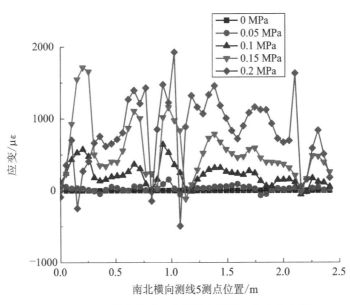

**图 5-34   不同荷载作用下南北横向测线 5 应变分布图**

图 5-35 至图 5-38 所示为不同荷载作用下,竖向测线 E 至 H 的应变变化。由图 5-35 至图 5-38 可知,在荷载作用下相似材料被压缩,竖向光纤表现为压应变,与相似材料耦合情况良好;压应变分布总体呈由上往下递减的趋势。

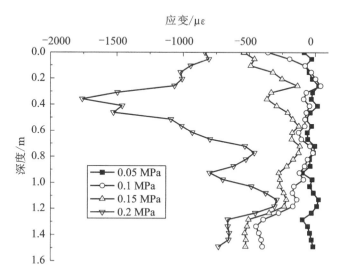

**图 5-35　不同荷载作用下竖向 E 线应变分布图**

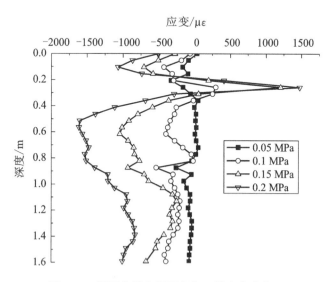

**图 5-36　不同荷载作用下竖向 F 线应变分布图**

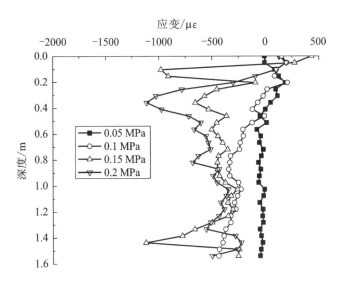

图 5-37  不同荷载作用下竖向 G 线应变分布图

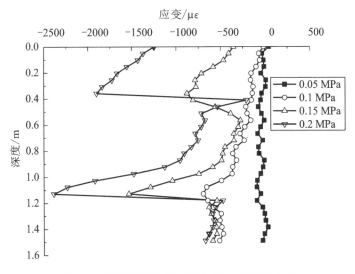

图 5-38  不同荷载作用下竖向 H 线应变分布图

（2）井筒和马头门开挖过程中围岩变形

图 5-39 至图 5-42 所示为井筒和马头门开挖过程中，东西水平向测线应变变化关系曲线图。

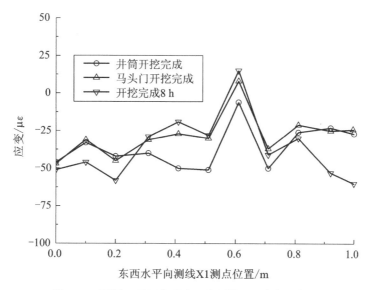

**图 5-39 不同工况下东西水平向测线 X1 应变分布图**

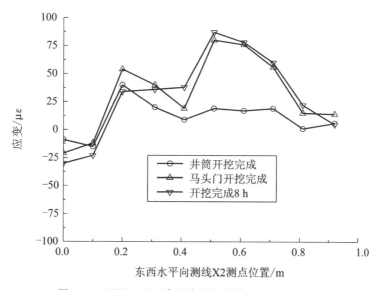

**图 5-40 不同工况下东西水平向测线 X2 应变分布图**

由图 5-39 至图 5-42 可知，东西水平向测线 X2 和 X3 位于井筒和马头门交界处，该处围岩受井筒和马头门开挖影响显著，随着井筒和马头门的开挖，围岩的拉应变逐渐增大，影响范围由东向西，位于 0.25～0.75 m 范围内，减去马头门宽度 0.182 m，围岩受影响范围约 300 mm，

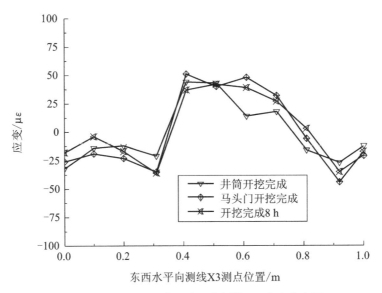

图 5-41　不同工况下东西水平向测线 X3 应变分布图

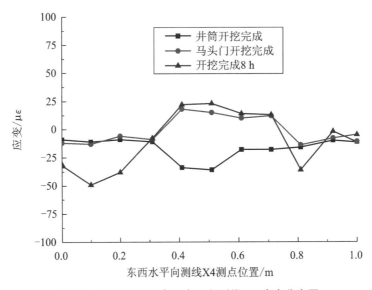

图 5-42　不同工况下东西水平向测线 X4 应变分布图

相当于实际工程中的影响范围为 15 m；东西水平向测线 X1 和 X4 位于马头门处，该处围岩受马头门开挖影响相对较小，其影响范围由东向西，位于 0.3～0.7 m 范围内，减去马头门宽度 0.182 m，马头门两边围岩受影响范围约 200 mm，相当于实际工程中的影响范围为 10 m。

（3）井筒和马头门开挖过程中围岩应力变化

图 5-43 至图 5-45 所示为不同工况（详见表 5-6）下围岩应力变化。由图 5-43 至图 5-45 可知，井筒和马头门开挖引起围岩应力减少，距离马头门顶板 2～3 m 处，围岩应力降为原岩应力的 20%～30%。

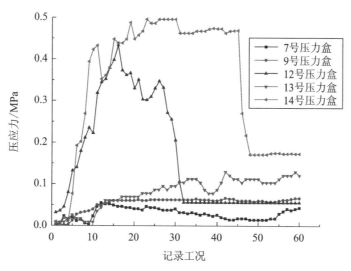

**图 5-43　马头门上部水平压力数据**

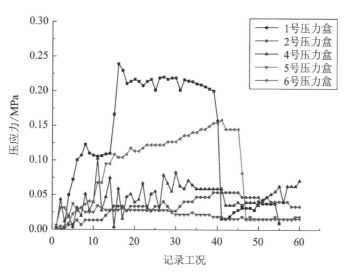

**图 5-44　马头门下部水平压力数据**

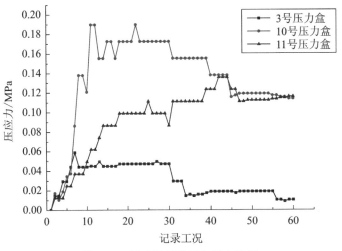

**图 5-45  马头门试验竖向压力数据**

**表 5-6  模型试验记录工况表**

| 记录工况 | 施加地应力/MPa 或工况 | 记录工况 | 施加地应力/MPa 或工况 |
|---|---|---|---|
| 1 | 0.025 | 18 | （井筒）开挖第一个段高 |
| 2 | 0.05 | 19 | 开挖第二个段高 |
| 3 | 0.075 | 20 | 开挖第三个段高 |
| 4 | 0.1 | 21 | 开挖第四个段高 |
| 5 | 0.125 | 22 | 开挖第五个段高 |
| 6 | 0.15 | 23 | 开挖第六个段高 |
| 7 | 0.175 | 24 | 开挖第七个段高 |
| 8 | 0.2 | 25 | 开挖第八个段高 |
| 9 | 0.225 | 26 | 开挖第九个段高 |
| 10 | 0.25 | 27 | 开挖第十个段高 |
| 11 | 0.275 | 28 | 开挖第十一个段高 |
| 12 | 0.3 | 29 | 开挖第十二个段高 |
| 13 | 0.325 | 30 | 开挖第十三个段高 |
| 14 | 0.35 | 31 | 开挖第十四个段高 |
| 15 | 0.375 | 32 | 开挖第十五个段高 |
| 16 | 0.4 | 33 | 开挖第十六个段高 |
| 17 | 保持油缸压力 30 min | 34 | 开挖第十七个段高（马头门南侧第一个段高） |

| 记录工况 | 施加地应力/MPa 或工况 | 记录工况 | 施加地应力/MPa 或工况 |
|---|---|---|---|
| 35 | 开挖第十八个段高（马头门北侧第一个段高） | 48 | 保持油缸压力 60 min |
| 36 | 开挖第十九个段高（马头门南侧第二个段高） | 49 | 保持油缸压力 60 min |
| 37 | 开挖第二十个段高（马头门北侧第二个段高） | 50 | 保持油缸压力 60 min |
| 38 | 开挖第二十一个段高（马头门南侧第三个段高） | 51 | 保持油缸压力 60 min |
| 39 | 开挖第二十二个段高（马头门北侧第三个段高） | 52 | 保持油缸压力 60 min |
| 40 | 开挖第二十三个段高（马头门南侧第四个段高） | 53 | 保持油缸压力 60 min |
| 41 | 开挖第二十四个段高（马头门北侧第四个段高） | 54 | 保持油缸压力 60 min |
| 42 | 保持油缸压力 60 min | 55 | 保持油缸压力 60 min |
| 43 | 保持油缸压力 60 min | 56 | 保持油缸压力 60 min |
| 44 | 保持油缸压力 60 min | 57 | 保持油缸压力 60 min |
| 45 | 北侧全挖完 | 58 | 保持油缸压力 60 min |
| 46 | 南侧全挖完 | 59 | 保持油缸压力 60 min |
| 47 | 保持油缸压力 60 min | 60 | 保持油缸压力 60 min |

## 5.3.2 井筒和马头门衬砌结构内力变化

图 5-46 至图 5-49 所示为不同工况（详见表 5-6）下井筒和马头门衬砌结构的内力变化。由图 5-46 至图 5-49 可知,井筒和马头门开挖,引起衬砌结构环向拉应变减小,压应变增大,井筒竖向应变和马头门走向应变多为拉应变,并随着井筒和马头门的开挖逐渐增大。

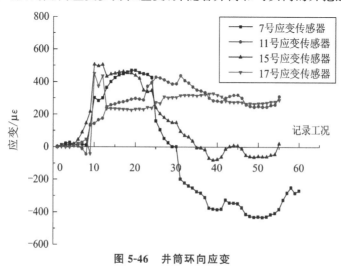

图 5-46 井筒环向应变

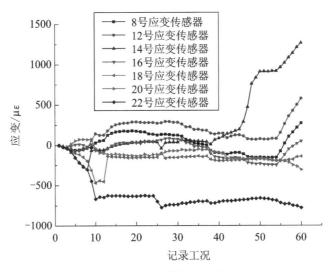

图 5-47　井筒竖向应变

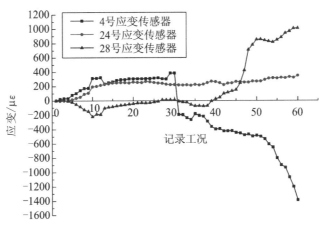

图 5-48　马头门环向应变

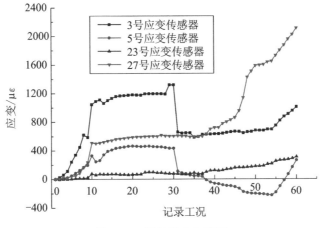

图 5-49　马头门走向应变

### 5.3.3　围岩松动圈测试结果

（1）测试电阻率的原理

岩体的结构特征是影响电阻率的主要因素之一,两者有着显著的相关性。通常不同岩性岩体的电阻率值有一定差别;同一岩层,由于其结构特征发生变化,电阻率值也会发生改变。在原生地层状态下,其导电性特征在纵向上变化规律较为固定,而在横向上相对比较均一。当岩层发生变形与破坏时,如果岩层不含水,则其导电性变差,局部电阻率值增高;如果岩层含水,则其导电性好,相当于存在局部低电阻体。采动过程中岩层电性在纵向和横向上的变化规律,代表了其破坏和裂隙发育特征。因此,可通过测取井筒围岩电阻率值变化来分析围岩变形与破坏规律。由于钻孔电极与围岩耦合为一体,且可以深入岩层岩石形变区域内部,其检测结果可靠程度高。

本次模型试验电法采集的电场数据通过 AGI 软件处理。由于模型条件限制,井筒附近裂隙发育相对较细小,为提高分辨率,对电阻率数据进行比值处理,将每次测试值 $P_i$ 与背景电阻率值 $P_o$ 相比,即获得异常系数 $y=P_i/P_o$。对于岩层变形区域来说,突出的异常区,则 $y>1$ 或 $y<1$ 的位置为电性异常区域。因本次试验数据量大,这里仅选择其中部分测试电阻率比值剖面进行说明。

（2）长轴南北方向测线(图 5-50)

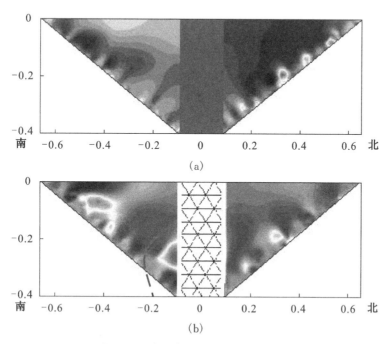

（a）

（b）

**图 5-50　南北方向围岩电阻率分布图**

（a)背景电阻率值图;(b)井筒开挖 1000 mm 测试电阻率与背景电阻率比值;

（c)马头门向北开挖 240 mm 测试电阻率与背景电阻率比值;(d)马头门向南开挖 240 mm 测试电阻率与背景电阻率比值

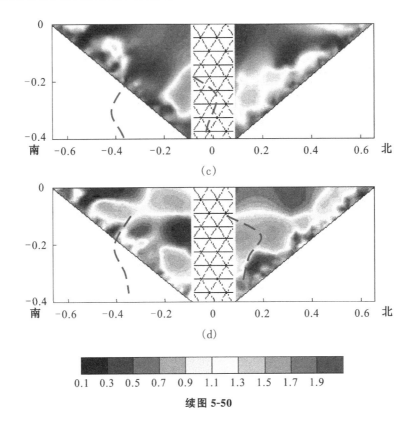

(c)

(d)

0.1 0.3 0.5 0.7 0.9 1.1 1.3 1.5 1.7 1.9

续图 5-50

（3）短轴东西方向测线（图 5-51）

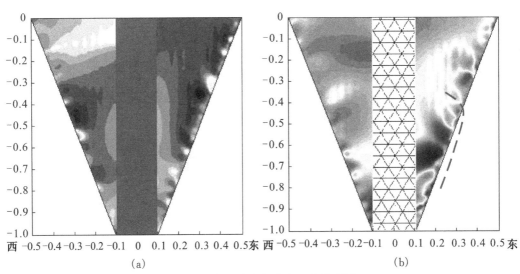

（a）

（b）

图 5-51　东西方向围岩电阻率分布图

（a）背景电阻率值图；（b）井筒开挖 1000 mm 测试电阻率与背景电阻率比值；

（c）马头门向北开挖 240 mm 测试电阻率与背景电阻率比值；（d）马头门向南开挖 240 mm 测试电阻率与背景电阻率比值

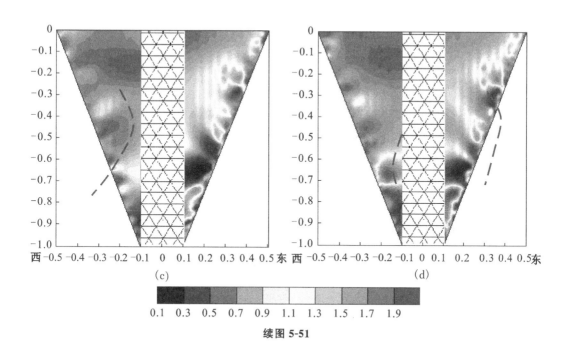

续图 5-51

（4）水平表面测线（图 5-52）

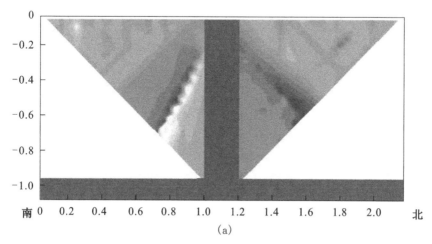

**图 5-52 水平地表测线得到的围岩电阻率分布图**

（a）背景电阻率值图；（b）井筒开挖 1000 mm 测试电阻率与背景电阻率比值；

（c）马头门向北开挖 240 mm 测试电阻率与背景电阻率比值；

（d）马头门向南开挖 240 mm 测试电阻率与背景电阻率比值

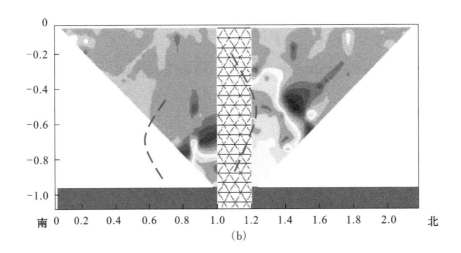

(b)

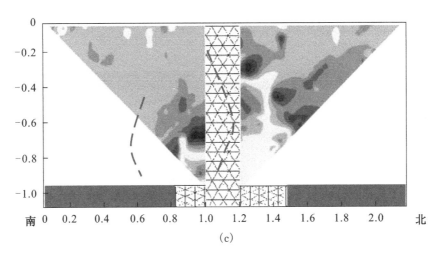

(c)

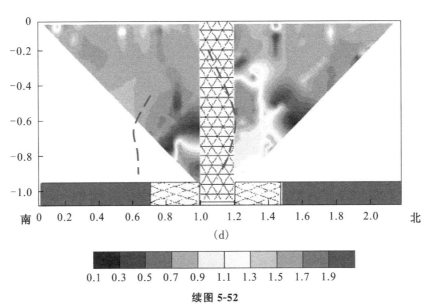

(d)

续图 5-52

# 5.4 小 结

（1）由光纤测试结果可知，井筒和马头门交界处围岩受井筒和马头门开挖影响显著，围岩受影响范围约 300 mm，相当于实际工程中的影响范围为 15 m；马头门两边围岩受影响范围约 200 mm，相当于实际工程中的影响范围为 10 m。

（2）井筒和马头门开挖引起围岩应力减小，距离马头门顶板 2～3 m 处，围岩应力降为原岩应力的 20%～30%。

（3）电法测试系统所测得松动圈厚度基本为 200～300 mm，与光纤测试结果一致，松动圈外的低阻区应为巷道开挖后围岩在围压作用下形成的弹性变形区。

# 6　深立井马头门围岩变形控制技术

基于两淮矿区井筒马头门支护中存在的失效、破碎等问题,通过室内深部地层岩石试验、深部地层马头门三维数值计算、大型二维马头门模型试验和现场监测等多种手段,较全面地探讨和总结了两淮矿区深立井马头门围岩变形破坏的规律,为深立井井筒马头门的变形控制和支护结构优化提供了技术支撑和理论依据。

## 6.1　围岩变形控制技术的依据

(1) 深部马头门围岩的蠕变力学特性研究

① 从现场考察和马头门地质柱状图分析可知,两淮矿区大部分深井马头门围岩属于复合型软岩。例如,潘一东副井马头门即处于砂质泥岩和花斑泥岩的复合地层中,围岩遇水易软化,流变变形明显,硐室断面收敛变形快且数值较大。

② 围岩的物理力学性质较差。从深部地层砂质泥岩的蠕变试验可知,砂质泥岩强度较低,在约 14 MPa 的偏应力水平下,试件即开始进入加速蠕变阶段。马头门拨门后,马头门"L"形区域形成应力集中,砂质泥岩的蠕变力学特性表现非常明显,需要通过地面预注浆等方式对顶板砂岩进行加固处理。

(2) 马头门围岩的松动圈分布规律

① 从模型试验的光纤测试结果和电法测试结果可知,马头门与井筒交界处的松动范围达到 15 m,马头门的顶板的松动范围达到 10 m。

② 从数值模拟的塑性区分布来看,马头门底部的松动范围大于顶板的松动范围,底臌现象严重,在东西两侧大硐室范围内,二次衬砌采用模筑混凝土与反底拱整体浇筑是马头门围岩治理的必要手段。

③ 从松动圈的分布范围看,马头门大硐室锚索的长度应该在 10 m 以上,局部需要达到 15 m 才能到达较为稳定的岩层以便生根。

(3) 马头门围岩位移的历时分布规律

马头门开挖后,流变即开始产生,顶底板垂直位移与两帮水平位移比较接近,马头门两边侧墙的围岩收敛速度大小相同、方向相反,约 100 天后,侧墙的水平位移达到 0.3 m,底板的底臌量达到 0.35 m。

（4）马头门深部围岩应力集中区分布规律

① 马头门硐室上下段井壁开挖后,在马头门上下连接段井壁周围形成最初的马头门连接硐室围岩"应力突变区"。在马头门拨门双向迎头方向开挖 5 m 后,最大主应力变化剧烈并逐渐转移,在马头门上下、左右四个拐角区域形成马头门连接硐室围岩"应力转移区"。随着东、西马头门的掘进和时间的推移,在马头门顶板和底板上方的围岩应力也在一定范围内逐渐集中和转移,并相互叠加影响,围岩最大主应力在"L"形区域集中程度趋缓,最终形成马头门交叉大硐室围岩"应力叠加区"。

② 支护结构产生支护压力,主要是围岩的弹塑性变形和蠕变变形受阻后形成的,马头门收敛的主要原因是该应力集中区围岩蠕变变形,支护压力是支护结构优化设计的主要参考对象。

③ 高应力软岩马头门围岩的应力集中区从发展形成到稳定具有明显的历时性,并且应力集中区发展稳定时间与马头门收敛变形稳定时间基本一致,应力集中区的范围也基本上在井筒两侧 13 m 和马头门上下 10 m 的范围之内,也就是说应力集中系数变化大的围岩区域与松动圈的范围高度重合。

总之,第 3 章、第 4 章深立井马头门围岩应力、位移分布规律研究为相关深立井马头门的变形控制技术提供了重要支撑,是深井马头门支护结构优化设计的基础。

# 6.2　马头门地面注浆加固

深立井马头门所处地层地压大、围岩软弱,地质条件复杂。因此,在进行井筒地面预注浆设计时,考虑利用地面预注浆钻孔对马头门围岩进行注浆加固,增加围岩强度,防止变形破坏。与工作面预注浆等其他加固方法相比,地面预注浆加固围岩具有以下优势:一是可采用较高的注浆压力,增大浆液扩散距离,使较大范围内的围岩得到加固;二是在井下巷道掘进之前加固,可避免巷道跑浆和对巷道的破坏;三是不占用掘进工作面时间,缩短建井工期。

（1）马头门加固范围

在马头门位置,与井筒贯通的巷道和硐室的主井一般有装载硐室,清理撒煤斜巷等。这些硐室施工后,该部位井筒围岩受力状态复杂,易产生应力集中,导致井筒破坏。进行注浆加固设计时,在垂直和水平两个方向上确定加固范围,垂直方向加固马头门及硐室上下各 20 m 范围内的井筒,水平方向加固井筒以外 20 m 范围内的马头门巷道。

（2）马头门上下井筒围岩注浆加固

利用主井井筒地面原预注浆设计的 6 个 S 形注浆孔对马头门及装载硐室附近的井筒围

岩进行加固,一般马头门及装载硐室高度按 60 m 计算,上下各延长 20 m,注浆加固长度为 100 m,注浆加固材料选用单液水泥浆,在原设计的黏土水泥浆注浆达到设计结束标准后, 每米井筒定量注入 10 m³ 单液水泥浆;对此部分围岩,可根据裂隙发育程度进行补浆加固, 共需注入水泥浆约 1000 m³。

(3)马头门巷道加固

考虑马头门围岩受力状况,为确保井筒及马头门巷道安全,设计采用分叉定向孔钻进技术,对井筒两侧马头门各 20 m 范围内的巷道也进行注浆加固。单液水泥浆有效扩散范围按 8 m 考虑,设计分叉注浆孔在马头门巷道底板处的落点距井壁 15 m,井筒每侧马头门设计布置 2 个分叉孔,分别位于马头门巷道两侧,距巷帮 2 m 范围,加固巷道顶、底板上下各 20 m 范围,加固段长度 45 m。

分叉孔设计,假设马头门顶板、底板深度为 1000 m,若需对马头门上下各 20 m 范围内的地层进行加固,则分叉孔注浆加固起止深度为 960～1010 m,设计分叉孔落点与井筒中心的水平距离为 18 m。在分叉孔方位稳定的条件下,分叉孔钻进 200 m,平均顶角为 3°～4°, 偏距可达到 10～14 m。因此,设计分叉孔从 760 m 处开始定向钻进,钻进 215 m 即可到达设计靶域,终孔深度为 1010 m。浆液扩散半径按 8 m 考虑,分叉孔立面布置如图 6-1 所示, 虚线区域为加固范围。

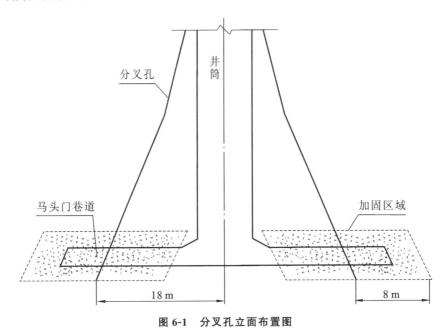

图 6-1　分叉孔立面布置图

分叉孔注浆起止深度为 960～1010 m,共 50 m 注浆段,分叉孔浆液注入量根据浆液有效径向扩散距离和注浆段平均裂隙率,采用下式计算:

$$Q = A\pi \sum_{i=1}^{n} R_i^2 H_i \eta\beta/m \tag{6-1}$$

式中　$Q$——浆液注入量，$m^3$；

$A$——浆液超扩散消耗系数，基岩注浆段取 1.2；

$R_i$——浆液有效扩散半径，取 8 m；

$H_i$——注浆段高，m；

$\eta$——岩层平均裂隙率，取平均值 2.2%；

$\beta$——浆液充填系数，取 0.95；

$m$——浆液结石率，取 0.85。

经计算，分叉孔单液水泥浆单孔注入量为 270 $m^3$，4 个分叉孔总注入量为 1080 $m^3$。

加固注浆结束的标准应符合下列规定：

① 注浆量达到或超过设计注浆总量；

② 注浆结束时，注浆泵量不大于 60 L/min，并稳定 20 min 以上；

③ 注浆终压达到地下水压的 2 倍以上，约 20 MPa。

# 6.3　爆破扰动控制技术

爆破地震效应对地下硐室围岩及支护结构的影响程度，取决于地震效应强度的大小和硐室围岩自身岩性的好坏以及巷道断面大小等因素。

当前对爆破能量的控制主要从爆破能量源（炸药）、爆破能量传播介质和传播过程三个方面考虑。前两者受到地质条件和施工工期的限制。煤矿地下硐室爆破地震效应的控制只能从爆破地震波的传播过程入手，从装药结构、爆破参数以及周边控界爆破技术等方面实现对爆破能量的控制。

装药结构采用的优化不耦合装药结构和掏槽眼装药结构，由于不耦合介质的存在，使得以爆破应力波形式耗散的爆破能量减少，降低了爆破震动。使用分段掏槽方式，如图 6-2 所示，按由浅入深的顺序分阶段进行掏槽，降低爆破地震效应，能有效地实施掏槽。

爆破参数采用中深孔爆破，掏槽眼采用大直径药卷以增加装药量，增加爆破能量，达到将岩石粉碎抛出的目的；周边眼建议采用小直径药卷和不耦合装药结构等。炮孔间排距影响到整个断面的炮孔数目，太小时会增大钻孔工作量，太大则导致光爆成型效果差、对围岩损伤大。硐室掘进爆破时，应通过试验或参照周边硐室岩性及其炸药单耗确定最优炸药单耗。采用分散装药，适当增加炮孔数目，减少单孔装药量。

良好的周边控界爆破，可使围岩不受明显破坏，使岩石应力缓慢地释放，降低爆破对岩石造成的损伤。

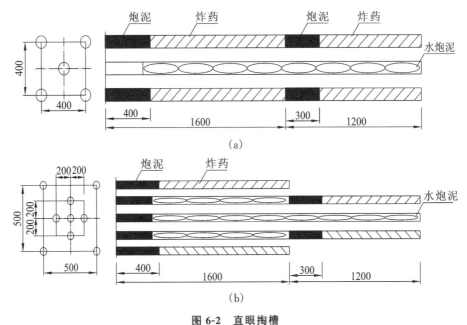

**图 6-2　直眼掏槽**

(a)孔内分段直眼掏槽；(b)阶段直眼掏槽

在马头门两侧巷道的后续掘进、管子道施工、硐室施工过程中，要尽可能减小放炮等动荷载的幅值，减小施工动荷载幅值。

使用小药量微差爆破，也可采用设置周边空眼等措施。在软弱岩层，对于特殊巷硐甚至采用人工辅以机械的方法进行施工。周边控界爆破的炮孔布置如图 6-3 所示。

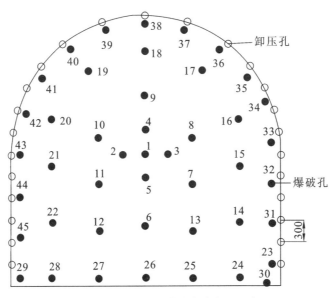

**图 6-3　周边控界爆破的炮孔布置示意图**

# 6.4 马头门隔离孔施工与整体浇筑

## 6.4.1 马头门隔离孔施工

影响深立井连接硐室群围岩稳定性的一个关键因素是后续施工的巷道及硐室对已施工硐室围岩产生的扰动效应,因此,为了减小后续施工的扰动影响,一个有效的技术途径就是采用隔离措施,即在前、后两次施工的关键巷硐之间钻一排密集深钻孔,使后续巷硐施工的爆破冲击波和变形扰动通过密集深钻孔隔离、衰减,减小对已支护巷硐围岩稳定性的影响。

通常,马头门左、右两侧大约 3 m 的巷道与井壁是整体浇筑的,形成整体的钢筋混凝土硐体结构。然后,两侧巷道再继续向前施工,由于开挖卸载、爆破震动和围岩变形等都对已浇筑的钢筋混凝土硐体和井壁产生很大的扰动影响,将引起硐体顶部钢筋弯曲、混凝土碎裂剥落和井壁破损,从而影响井筒的安全使用。为此,为了防止后续巷道施工对已支护结构的扰动破坏,在两侧巷道再继续向前掘进之前,首先在巷道的直墙半圆拱位置、垂直于巷道表面钻半圈深钻孔,钻孔直径 75 mm、间距 500 mm、孔深 10 m,从而形成有效的扰动影响隔离孔,如图 6-4、图 6-5 所示。

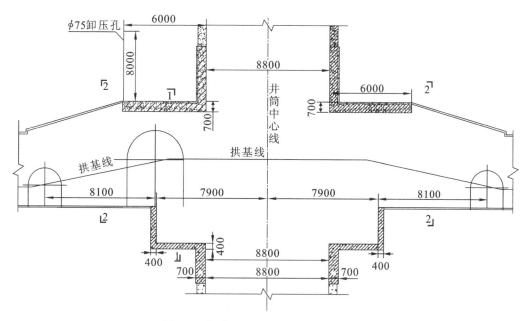

**图 6-4 扰动影响隔离孔设置位置平面图**

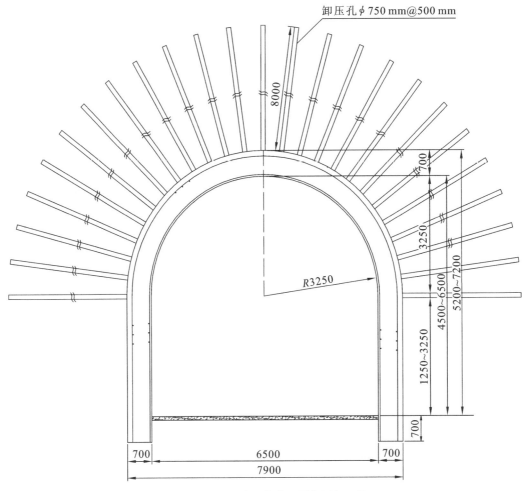

图 6-5 扰动影响隔离孔设置位置剖面图

## 6.4.2 马头门整体浇筑

通常,在矿井建设中,马头门与井筒同步施工,当井筒施工到马头门位置时,向马头门两侧各施工 3 m 左右,一次支护后,与上、下段井壁整体浇筑,形成整体的钢筋混凝土硐体结构,如图 6-6 所示。然后,两侧马头门再继续向前施工,由于开挖卸载、爆破震动和围岩变形等都对已浇筑的钢筋混凝土井壁产生很大的扰动影响,造成马头门处井壁破损,而井筒承担着上、下提升和安全出口的作用,井壁的安全十分重要,因此,必须要采取有效措施减小后续巷硐施工对井壁产生的扰动,以防止井壁被破坏。

根据数值计算可知,随着间距的加大,后续巷硐施工对已施工支护结构产生的扰动效应将明显降低,因此,在马头门位置优化设计时,可将第一段马头门两侧施工长度,即与上、下口井壁一起浇筑混凝土的整体浇筑段长度由目前的 3 m 左右加长到 6~8 m。另外,这样施

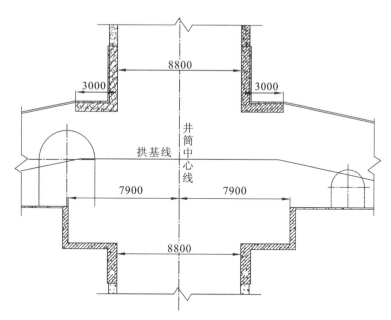

**图6-6 马头门两侧通常整体浇筑段长度**

工段加长后,信号硐室和液压泵站等硐室可包括在内,与马头门同时施工,从而可避免后续施工对已浇筑井壁的扰动影响,具体如图6-7所示。

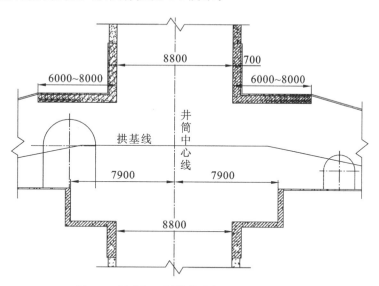

**图6-7 马头门两侧整体浇筑段长度加长方案**

在马头门两侧第一次浇筑段长度增加到6～8 m后,为确保拱顶混凝土浇筑质量,可采用混凝土输送泵施工。

当马头门两侧继续向前施工,为防止第二浇筑段由于受到前面巷道施工扰动对第一浇筑段产生扰动影响,并影响到马头门处井壁,研究提出第二浇筑段与第一浇筑段之间的钢筋隔断,并设置 5 mm 厚泡沫塑料板,形成隔离缝,以减小对井壁的扰动影响,结构如图 6-8 所示。

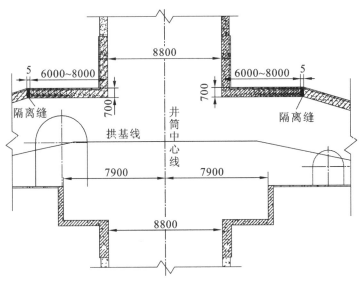

**图 6-8　马头门整体浇筑段与后续浇筑段设置隔离缝结构示意图**

# 6.5　马头门处井壁支护结构优化

## 6.5.1　马头门处井壁支护结构分级优化

深立井马头门的围岩赋存深度、岩性对马头门和上下连接井壁的优化设计至关重要,同时其设计参数也和硐室的几何尺寸关系紧密。考虑马头门的累深、主要岩性和井筒直径等因素,提出五类支护强度等级的井壁优化结构,详见表 6-1。

**表 6-1　深立井马头门连接处井壁结构分级优化支护表**

| 井壁连接处地层岩性 | 井筒直径/m | 马头门累深/m | | |
|---|---|---|---|---|
| | | 600~800 | 800~1000 | 1000~1200 |
| 砂岩 | 6 | V 类 | III 类 | II 类 |
| | 7 | V 类 | III 类 | II 类 |
| | 8 | IV 类 | III 类 | II 类 |
| 砂质泥岩 | 6 | IV 类 | II 类 | I 类 |
| | 7 | III 类 | II 类 | I 类 |
| | 8 | III 类 | II 类 | I 类 |

| 井壁连接处 | 井筒直径/m | 马头门累深/m | | |
|---|---|---|---|---|
| 地层岩性 | | 600~800 | 800~1000 | 1000~1200 |
| | 6 | Ⅱ类 | Ⅰ类 | Ⅰ类 |
| 泥岩 | 7 | Ⅱ类 | Ⅰ类 | Ⅰ类 |
| | 8 | Ⅰ类 | Ⅰ类 | Ⅰ类 |

（1）Ⅰ类支护强度的优化设计

Ⅰ类强度初次支护采用锚网喷支护方式,锚杆:采用高强预应力锚杆,规格为$\phi22@$2500 mm,间排距800 mm×800 mm;钢筋网:采用$\phi10$圆钢,网孔间距为150 mm×150 mm,网片尺寸为1.0 m×1.8 m;喷射混凝土:混凝土强度等级为C20,喷层厚度为100 mm（包括复喷）;锚索:采用$\phi21.6$ mm钢绞线,设计长度8.3 m,排距4 m,每个断面布置6根。二次支护结构采用700 mm厚SFRC50钢筋钢纤维混凝土井壁,并架设20b号槽钢井圈,第一道槽钢井圈架设时要生根并且要找平,每一节井圈构件要有两个以上的生根支撑点,并且生根点的支撑强度应满足加固段井圈竖向荷载的要求。

（2）Ⅱ类支护强度的优化设计

Ⅱ类强度初次支护采用锚网喷支护方式,锚杆:采用高强预应力锚杆,规格为$\phi22@$2500 mm,间排距1000 mm×1000 mm;钢筋网:采用$\phi10$圆钢,网孔间距为150 mm×150 mm,网片尺寸为1.0 m×1.8 m;喷射混凝土:混凝土强度等级为C20,喷层厚度为100 mm（包括复喷）;锚索:采用$\phi21.6$ mm钢绞线,设计长度8.3m,排距4m,每个断面布置4根。二次支护结构采用700 mm厚SFRC50钢筋钢纤维混凝土井壁。

（3）Ⅲ类支护强度的优化设计

Ⅲ类强度初次支护采用模筑高强度C50混凝土;锚索:采用$\phi21.6$ mm钢绞线,设计长度8.3 m,排距4 m,每个断面布置4根。二次支护结构采用700 mm厚SFRC50钢筋钢纤维混凝土井壁。

（4）Ⅳ类支护强度的优化设计

Ⅳ类强度初次支护采用模筑高强度C50混凝土;锚索:采用$\phi15.4$ mm钢绞线,设计长度6.5 m,排距4 m,每个断面布置4根。二次支护结构采用700 mm厚SFRC50钢筋钢纤维混凝土井壁。

（5）Ⅴ类支护强度的优化设计

Ⅴ类强度初次支护采用模筑高强度C50混凝土,二次支护结构采用700 mm厚高强度C50混凝土井壁。

## 6.5.2 望峰岗矿马头门处井壁结构优化

为减小东翼马头门贯通后围岩扰动对上部一定范围内井壁产生的影响,在东翼马头门贯通之前,先对马头门顶板至管子道底板这一范围内井壁的围岩进行加固处理。在井壁东西方向进行深孔注浆,两个方向每排各打 3 个注浆孔,间距为 2000 mm×2000 mm,孔口管长度不小于 1.5 m,采用菱形插花布设,且在井壁周圈布设锚索,进一步加固围岩,锚索为 $\phi$15.24 mm 钢绞线,设计长度 $L$=6500 mm,每排 8 根,排间距 3 m,如图 6-9 所示。

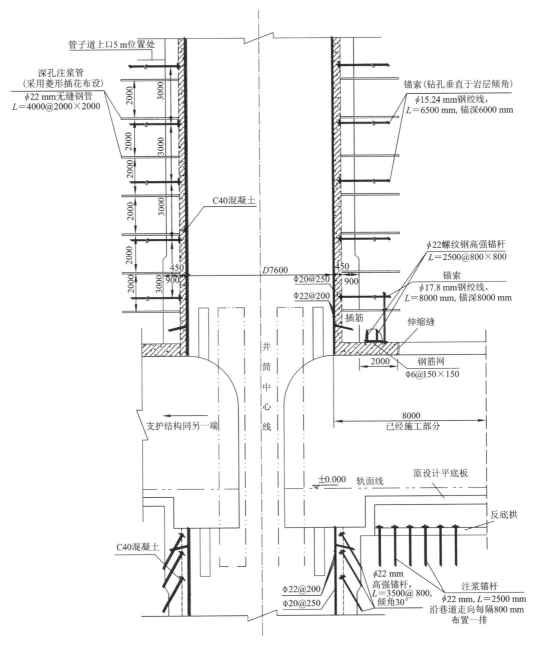

图 6-9　马头门及上部井壁加固剖面图

为防止望峰岗矿第一副井马头门处围岩变形引起井壁破坏,马头门上、下一定范围内井

126

壁应加强支护,可采用以下结构形式:

在马头门轨面水平上面 16.5 m 和马头门轨面水平下面 5.4 m 共 21.9 m 范围内套壁时,建议采用钢纤维混凝土代替普通混凝土,钢纤维混凝土设计强度等级为 CF50。同时在马头门轨面水平上面 6.5～11.5 m 范围内架设 25 道 20a 密集槽钢井圈,形成槽钢圈混凝土复合井壁结构,以承受局部荷载和较大的拉应力。

# 6.6 马头门支护结构优化

## 6.6.1 马头门支护结构分级优化

考虑马头门的累深、主要岩性和断面尺寸等因素,提出五类支护强度等级的井壁优化结构,详见表 6-2。

表 6-2 深立井马头门结构分类优化支护表

| 马头门位置<br>主要岩性 | 断面跨度/m | 马头门累深/m | | |
|---|---|---|---|---|
| | | 600～800 | 800～1000 | 1000～1200 |
| 砂岩 | 5 | V 类 | Ⅲ 类 | Ⅱ 类 |
| | 6 | V 类 | Ⅲ 类 | Ⅱ 类 |
| | 7 | Ⅳ 类 | Ⅲ 类 | Ⅱ 类 |
| 砂质泥岩 | 5 | Ⅳ 类 | Ⅱ 类 | Ⅰ 类 |
| | 6 | Ⅲ 类 | Ⅱ 类 | Ⅰ 类 |
| | 7 | Ⅲ 类 | Ⅱ 类 | Ⅰ 类 |
| 泥岩 | 5 | Ⅳ 类 | Ⅰ 类 | Ⅰ 类 |
| | 6 | Ⅱ 类 | Ⅰ 类 | Ⅰ 类 |
| | 7 | Ⅰ 类 | Ⅰ 类 | Ⅰ 类 |

(1) Ⅰ类支护强度的优化设计

Ⅰ类支护强度的优化参数为:初次支护为锚网喷索形式,锚杆型号为 $\phi 22$ mm×2500 mm,间排距为 800 mm×800 mm,呈梅花形布置;钢筋网型号为 $\phi 10$ mm@150 mm×150 mm,喷射混凝土强度等级为 C20,喷厚 100 mm;锚索采用 $\phi 21.6$ mm 钢绞线,$L = 11$ m,排距 1.6 m,使用配套锚索托盘;巷道的直墙底脚设置底脚锚杆,锚杆设计为 $\phi 22$ mm 的高强锚杆,长为 3.0 m,排距 800 mm,与水平夹角为 30°。

二次支护结构为钢纤维钢筋混凝土模筑结构,马头门两边 5 m 范围内,采用 550 mm 厚

SFRC50 钢筋钢纤维混凝土支护结构,其他部位采用 550 mm 厚 C50 钢筋混凝土支护结构。马头门底板采用反底拱的钢筋混凝土衬砌,并增设 $\phi22$ mm×2800 mm 的底板注浆锚杆,间排距为 2000 mm×2000 mm。为了保证副井马头门永久支护结构的安全运营,在钢筋混凝土支护完毕后 20~30 天,视信息化监测结果进行围岩注浆,以进一步加固围岩。

(2)Ⅱ类支护强度的优化设计

Ⅱ类支护强度的优化参数为:初次支护为锚网喷索形式,锚杆型号为 $\phi22$ mm×2500 mm,间排距为 800 mm×800 mm,呈梅花形布置;钢筋网型号为 $\phi10$ mm@150 mm×150 mm,喷射混凝土强度等级为 C20,喷厚 100 mm;锚索采用 $\phi18.7$ mm 钢绞线,$L=11$ m,排距 2 m,使用配套锚索托盘;巷道的直墙底脚设置底脚锚杆,锚杆设计为 $\phi22$ mm 的高强锚杆,长为 3.0 m,排距 800 mm,与水平夹角为 30°。

二次支护结构为钢纤维钢筋混凝土模筑结构,马头门两边 5 m 范围内,采用 550 mm 厚 SFRC50 钢筋钢纤维混凝土支护结构,其他部位采用 550 mm 厚 C50 钢筋混凝土支护结构。马头门底板采用反底拱的钢筋混凝土衬砌,并增设 $\phi22$ mm×2800 mm 的底板注浆锚杆,间排距为 2000 mm×2000 mm。为了保证副井马头门永久支护结构的安全运营,在钢筋混凝土支护完毕后 20~30 天,视信息化监测结果进行围岩注浆,以进一步加固围岩。

(3)Ⅲ类支护强度的优化设计

Ⅲ类支护强度的优化参数为:初次支护为锚网喷索形式,锚杆型号为 $\phi22$ mm×2500 mm,间排距为 1000 mm×1000 mm,呈梅花形布置;钢筋网型号为 $\phi10$ mm@150 mm×150 mm,喷射混凝土强度等级为 C20,喷厚 100 mm;锚索采用 $\phi18.7$ mm 钢绞线,$L=11$ m,排距 2 m,使用配套锚索托盘;巷道的直墙底脚设置底脚锚杆,锚杆设计为 $\phi22$ mm 的高强锚杆,长为 3.0 m,排距 800 mm,与水平夹角为 30°。

二次支护结构为钢纤维钢筋混凝土模筑结构,马头门两边 5 m 范围内,采用 550 mm 厚 SFRC50 钢筋钢纤维混凝土支护结构,其他部位采用 550 mm 厚 C50 钢筋混凝土支护结构。为了保证副井马头门永久支护结构的安全运营,在钢筋混凝土支护完毕后 20~30 天,视信息化监测结果进行围岩注浆,以进一步加固围岩。

(4)Ⅳ类支护强度的优化设计

Ⅳ类支护强度的优化参数为:初次支护为锚网喷索形式,锚杆型号为 $\phi22$ mm×2500 mm,间排距为 1000 mm×1000 mm,呈梅花形布置;钢筋网型号为 $\phi10$ mm@150 mm×150 mm,喷射混凝土强度等级为 C20,喷厚 100 mm;锚索采用 $\phi15.2$ mm 钢绞线,$L=11$ m,排距 2 m,使用配套锚索托盘;巷道的直墙底脚设置底脚锚杆,锚杆设计为 $\phi22$ mm 的高强锚杆,长为 3.0 m,排距 100 mm,与水平夹角为 30°。

二次支护结构为钢纤维钢筋混凝土模筑结构,马头门两边 5 m 范围内,采用 550 mm 厚 SFRC50 钢筋钢纤维混凝土支护结构,其他部位采用 550 mm 厚 C50 钢筋混凝土支护结构。为了保证副井马头门永久支护结构的安全运营,在钢筋混凝土支护完毕后 20~30 天,视信息化监测结果进行围岩注浆,以进一步加固围岩。

(5) Ⅴ类支护强度的优化设计

Ⅴ类支护强度的优化参数为:初次支护为锚网喷索形式,锚杆型号为 $\phi$20 mm×2500 mm,间排距为 1000 mm×1000 mm,呈梅花形布置;钢筋网型号为 $\phi$10 mm@150 mm×150 mm,喷射混凝土强度等级为 C20,喷厚 100 mm;锚索采用 $\phi$15.2 mm 钢绞线,$L=11$ m,排距 3 m,使用配套锚索托盘;巷道的直墙底脚设置底脚锚杆,锚杆设计为 $\phi$22 mm 的高强锚杆,长为 3.0 m,排距 100 mm,与水平夹角为 30°。

二次支护结构为 550 mm 厚 SFRC50 钢筋钢纤维混凝土支护结构。为了保证副井马头门永久支护结构的安全运营,在钢筋混凝土支护完毕后 20～30 天,视信息化监测结果进行围岩注浆,以进一步加固围岩。

## 6.6.2 潘一东矿副井马头门支护结构优化

### 6.6.2.1 原马头门支护结构设计方案

潘一东矿副井井筒设计净径 $\phi$8.6 m,−845 m 水平马头门位于井筒的东、西侧,标高为 −833.0～−851.5 m 段(含井筒加固段),该段井壁厚 850 mm。马头门所处位置的主要岩性为砂质泥岩、花斑泥岩。

−845 m 水平马头门设计为直墙半圆拱形,施工长度为东马头门 17.2 m、西马头门 43.2 m。原设计支护参数为:

(1) 初期支护:锚网喷支护

① 锚杆:$\phi$22 mm×2500 mm,间排距 800 mm×800 mm,梅花状布置;

② 钢筋网:$\phi$6 mm@150 mm×150 mm;

③ 喷射混凝土:C20,厚度 100 mm。

(2) 二次支护:现浇单层钢筋混凝土支护

① 钢筋规格:纵筋$\phi$18 mm@200 mm×200 mm、环筋$\phi$20 mm@200 mm×200 mm;

② 混凝土:SFRC50,厚度 750 mm。

由于马头门结构在施工及使用阶段会受到邻近硐室施工的强烈扰动,通过数值计算、模型试验分析及工程类比可知,原支护结构不能有效确保潘一东矿副井马头门及马头门在建设及运营期间的安全。结合数值计算分析及现场监测结果,对原支护方案进行多次优化设计,主要分为初期支护参数优化、二次支护结构优化和后期加固方案设计。

### 6.6.2.2 初期支护参数优化

处于 800 m 左右深度的围岩,即使在自重应力的作用下,其原岩应力也可达 20 MPa 左右。而煤系地层一般都经历过强烈的构造运动,褶皱、断裂和破碎带的形成都是剧烈构造运动的产物,因而,在煤系地层中一般都赋存较高的构造应力,导致原岩应力普遍高于自重应力。巷道开挖后,自由面一侧应力减为零,围岩由开挖前的三向应力状态调整为二向应力状态,靠近马头门巷道浅表一定范围内在围岩开挖后将产生高应力峰值,其值远高于围岩强度。为了维持巷道围岩的稳定性,应及时施加初期支护,提高浅表处支护强度,并通过深部锚固将应力向围岩深处转移(应力转移),这也是设计使用锚喷支护的目的。

原设计采用的锚杆长度为 2.5 m,而数值计算及现场松动圈测试结果均表明,马头门近井筒附近的松动范围最大达 7 m 左右,且巷道浅表处裂隙发育,表明支护表面强度不够,因此需修改原设计参数,扩大加固范围。

根据应力转移工作原理,在马头门掘进后增加锚索支护,并依据围岩滞后注浆原理,在锚喷网支护 20 天对围岩进行注浆,将锚网喷注浆增强加固区与深层稳定岩体联结成一体,实现围岩承载圈范围的扩大;现场观测及硐周收敛监测结果均表明,锚喷网支护破坏严重,进一步采用 U 型钢棚进行巷道支护加固,使围岩处于三向受力状态。各方案具体支护参数如下:

锚索布置间排距为 2000 mm×2000 mm,规格为 $\phi$22 mm、$L$=7300 mm,其中顶部采用三根 $\phi$15.24 mm 的钢绞线组成锚索束,其余位置为 1 根钢绞线组成的普通锚索。主体工程巷道每排 7 根,硐室每排 3 根,托盘采用 300 mm×300 mm×16 mm 钢板、300 mm 长的 16 号槽钢、160 mm×100 mm×14 mm 钢板叠加,断面布置见图 6-10、图 6-11。

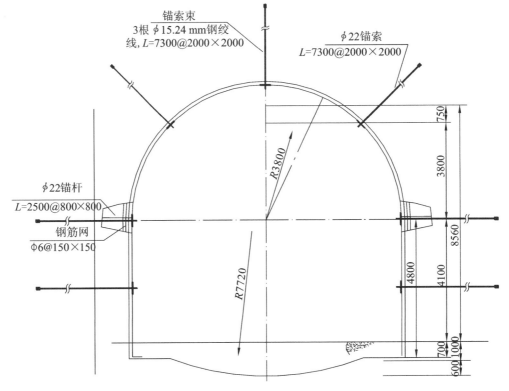

**图 6-10　副井马头门主体工程巷道锚喷支护加固示意图**

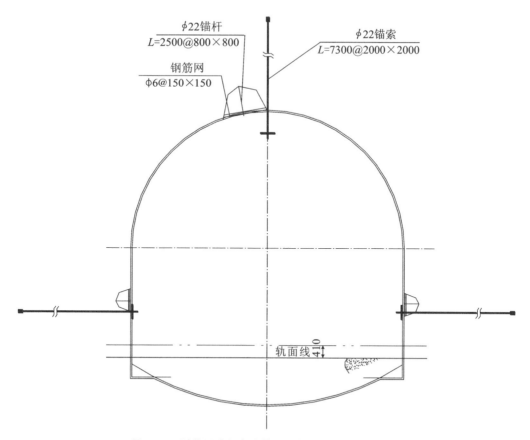

φ22锚杆
L=2500@800×800

φ22锚索
L=7300@2000×2000

钢筋网
φ6@150×150

轨面线

**图 6-11　副井马头门各连接硐室锚喷支护加固示意图**

主体工程巷道采用 U 型钢加强表面支护,U 型钢支架型号为 U36a,棚距 600 mm。经计算,在满足施工要求的前提下,每架支架采用 5 节 U36a 型钢架设,具体尺寸如图 6-12 所示。采用钢筋网背板,网孔尺寸为 50 mm×50 mm。

### 6.6.2.3　二次支护方案优化

(1) 二次支护时间的确定

对于深部岩体支护,初期锚喷网支护可视作一种柔性支护,这种支护形式不能完全控制围岩体的变形,但可以有效遏制围岩体的快速劣化,使岩体的变形速率控制在一定范围内,趋于相对稳定;二次支护结构设计为钢筋混凝土衬砌,其刚度较大,可将围岩变形量限制在很小范围内,故可视为一种刚性支护。由柔性支护与刚性支护的特点可知,二次支护的时间应选择在柔性支护充分发挥限制变形作用,围岩变形速率趋于稳定以后。二次支护时间过早,初期支护的作用未充分发挥,围岩未得到有效加固;二次支护时间过晚,则初期支护变形量过大,局部锚杆失效,围岩裂隙发育。因此,应对初期支护后的围岩硐周位移进行监测,根据监测结果选取合理的二次支护时间。

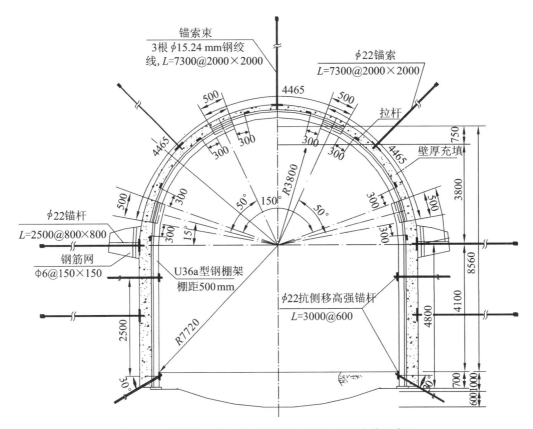

**图 6-12 副井马头门主体工程巷道 U 型钢加固支护示意图**

通过对潘一东矿副井马头门及马头门初期支护的硐周收敛位移进行监测可知,在锚喷网支护施工 30 天后,马头门及马头门的硐周位移变化速率逐渐趋于平稳,每天变形量小于锚喷支护设定的预警值,此时施工二次衬砌最合适。

（2）二次支护结构优化

副井马头门及马头门位于矿井的咽喉部位,其底部变形直接影响系统罐道及车场轨道的变形,对矿井的长久运输安全产生影响。原设计在马头门底部未设置加固措施,由于副井马头门处存在沿东西方向平行穿过－848 m 井底车场的 F32 大断层,其走向近东西,倾向南,为正断层,倾角 45°～50°,落差达 20～30 m,破碎带宽 6 m 左右,井底车场巷道均在该断层的影响范围内。

因此结合数值计算分析结果和工程类比分析,提出副井马头门及马头门支护结构优化方案如下:

提高钢筋等级:硐室由单层钢筋混凝土支护改为双层钢筋混凝土支护,纵筋由$\underline{\phi}$16 mm 改为$\underline{\phi}$18 mm,环筋由$\underline{\phi}$18 mm 改为$\underline{\phi}$20 mm。

增设反底拱:增加反底拱,并进行连续浇筑。

增设暗梁、暗柱:巷道环向暗梁间距 5 m,共增加 9 道钢筋混凝土梁。钢筋柱高 700 mm,宽 450 mm。

图 6-13 及图 6-14 以断面 2—2 为例给出了副井马头门主体工程巷道及暗梁方案设计的具体布置。通过设计反底拱和暗梁,使结构形成封闭性支护,提高了硐室的抗压效果,防止罐道及操车轨道基础底臌较大。

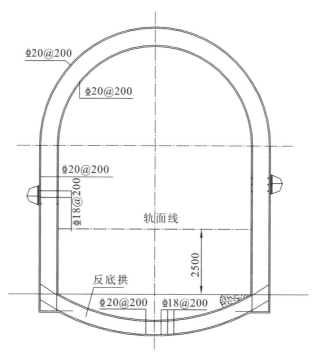

**图 6-13　副井马头门二次支护结构优化设计方案**

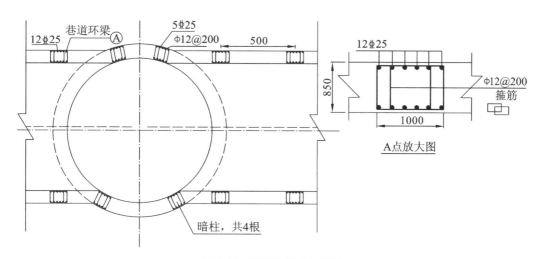

**图 6-14　暗梁和暗柱布置图**

### 6.6.2.4 后期加固方案设计

副井马头门钢筋混凝土二次支护施工完毕后,通过分析钢筋应力、混凝土应变、硐周位移及围岩松动圈发育情况与监测结果可知,受邻近马头门的施工影响,围岩与支护结构受到较大的次生扰动,围岩松动范围增大,因此根据监测结果对马头门及马头门围岩与支护结构进行多次加固,加固方案时间见表 6-3。

**表 6-3 副井马头门加固方案时间表**

| 起始时间 | 监测分析结果 | 成因分析 | 方案 |
|---|---|---|---|
| 2010-3-18 | 二次衬砌浇筑 | — | 埋设监测元件 |
| 2010-4-15 | 衬砌应力、应变变化速率超过预警值 | 壁后充填不实 | 壁后注浆 |
| 2010-5-20 | 马头门与井筒连接处衬砌结构破损 | 硐室施工影响 | 锚索梁加固 |
| 2010-6-18 | 肩部衬砌应力、变形超过预警值 | 管子道施工影响 | 深孔注浆 |

(1) 壁后注浆

采用深、浅孔注浆方式,注浆管采用 $\phi22$ mm 无缝钢管,施工时,先注浅孔,随后注深孔。每排深、浅注浆孔间距为 2000 mm,采用梅花形插花布设。

浅孔注浆:浅孔注浆孔深为 1500 mm,采用 P·O42.5 普通硅酸盐水泥单液浆,水灰比 (1:0.8)～(1:1)。若有漏浆现象,改注水泥、水玻璃双液浆,注浆压力控制在 2～3 MPa。

深孔注浆:在完成浅孔注浆且水泥浆凝固产生强度后,进行深孔注浆。深孔为 3000 mm,在不漏浆的情况下,注单液水泥浆,水灰比(1:0.8)～(1:1)。若有漏浆现象,改注水泥、水玻璃双液浆,注浆压力根据实际情况不大于 4.0 MPa。

(2) 锚索梁加固

根据马头门与井筒连接处破坏情况及监测数据分析可知,衬砌结构肩部及顶部的钢筋应力及混凝土变形较大,结构沿巷道走向承受拉应力,这对于钢筋混凝土结构是最不利的受力状态,因此设计采用锚索梁进行加固,具体方案如下:

在马头门及马头门拱部施工直径为 $\phi22$ mm、长度 $L=9300$ mm 的锚索,帮部施工直径为 $\phi22$ mm、长度 $L=7300$ mm 的锚索,锚索间排距为 1600 mm×1600 mm,每个断面拱部一排 5 根,两帮每帮 3 根,用 14 号槽钢(4500 mm)加 11 号工字钢(4500 mm)组成锚索托梁锁牢(拱部沿巷道走向锁牢,帮部沿竖向锁牢)。图 6-15 以断面 3—3 为例给出了主体工程巷道断面布置。

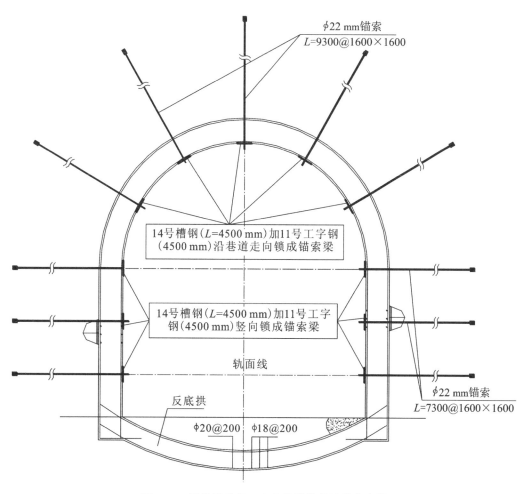

**图6-15　副井马头门二次支护结构断面锚索布置**

　　在东马头门及马头门连接处(断面2—2)沿肩窝走向裂纹处增设环向U型钢加锚索加固,U型钢长5 m,以裂纹为中心,用4根锚索锁牢;锚索沿巷道走向采用14号槽钢(2600 mm)加11号工字钢(2600 mm)组成托梁锁牢,锚索间排距1100 mm×1200 mm,锚索规格 $\phi$22 mm、$L$=7300 mm。断面2—2锚索布置如图6-16所示。

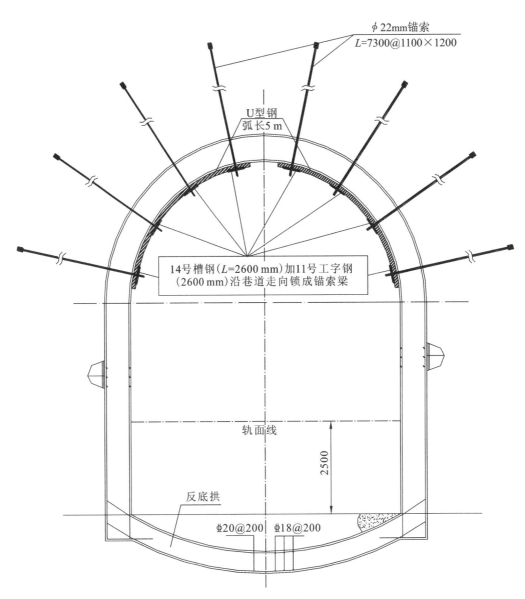

**图 6-16 断面 2—2 锚索布置**

# 6.7　小　　结

针对深立井马头门围岩变形与破坏,笔者提出了一系列控制技术并应用于两淮矿区的多对井筒马头门的工程实践中,控制变形效果显著。包括地面预注浆加固马头门围岩、爆破扰动控制技术、马头门隔离孔施工与整体浇筑技术和深立井马头门处井壁结构及马头门大硐室优化等控制技术手段。

(1)利用地面预注浆钻孔对马头门上下段井壁围岩、左右马头门大硐室顶底板围岩进行注浆加固,增强围岩强度,防止开挖后的变形破坏。

(2)针对深部硐室爆破地震波传播过程的特点,提出从装药结构、爆破参数以及周边控界爆破技术等方面实现对爆破能量的控制,降低爆破震动对马头门围岩的损伤扰动。

(3)在马头门大硐室与两侧后续巷道之间钻一排密集深钻孔,使后续巷硐施工的爆破冲击波和变形扰动通过密集深钻孔隔离、衰减,减小对已支护巷硐围岩稳定性的影响。

(4)深立井马头门两侧硐室衬砌,包括上、下口段井壁混凝土的整体浇筑段长度由目前的 3 m 左右加长到 6～8 m。信号硐室和液压泵站等硐室支护结构与马头门支护结构同时施工,避免后续施工对已浇筑井壁的扰动影响。

(5)针对深立井马头门的围岩赋存深度、主要岩性和断面尺寸等因素提出连接段井壁、马头门硐室分级支护策略。

# 7 深立井马头门支护优化与变形控制技术工程应用

## 7.1 潘一东矿马头门支护优化与变形控制技术工程应用

### 7.1.1 副井马头门衬砌结构钢筋应力和混凝土应变监测

通过在潘一东矿副井马头门永久支护内埋设钢筋应力计监测钢筋应力,埋设混凝土应变计监测混凝土的应变,实时监测衬砌结构的受力状况,做到提前分析预测。

(1) 监测断面与测点布置

在副井马头门的衬砌结构上布置 4 个测试断面,断面位置如图 7-1 所示。

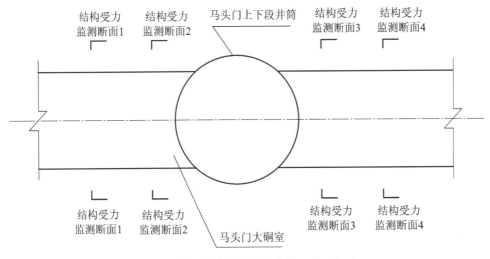

**图 7-1 副井马头门衬砌结构监测断面布置**

每个断面上沿环向布置钢筋应力计 7 个,沿环向布置混凝土应变计 7 个;沿走向布置钢筋应力计 2 个,沿走向布置混凝土应变计 2 个。元件在断面图中的埋设位置标号 A、B、C、D、E、F、G,如图 7-2 所示。

整个马头门测试工作,共布置钢筋应力计 28 个($\phi22$ 钢筋应力计 20 个、$\phi18$ 钢筋应力计 8 个),混凝土应变计 28 个。

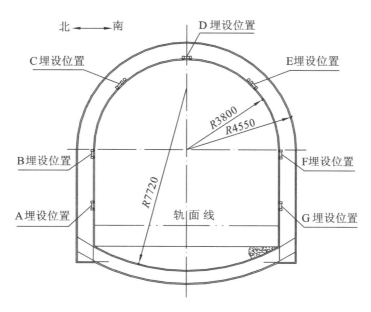

图 7-2 副井马头门衬砌结构元件埋设位置标号

（2）监测结果

副井马头门监测元件于 2010 年 3 月 29 日埋设,至 2011 年 9 月 9 日西马头门监测断面 1—1、断面 2—2 监测结果如图 7-3 至图 7-6 所示,图中横坐标表示时间,纵坐标为监测值,其中受拉为正、受压为负。

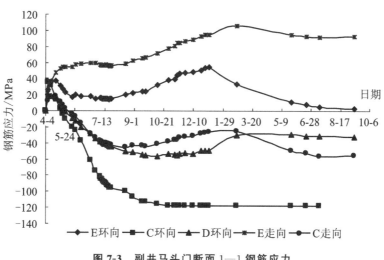

图 7-3 副井马头门断面 1—1 钢筋应力

西马头门钢筋应力:在监测周期内,衬砌结构北拱部钢筋环向压应力最大为 118.2 MPa,南拱部钢筋环向拉应力最大为 54.5 MPa。沿巷道走向的钢筋在井筒附近承受了较大的拉应力,最大达 106.4 MPa,其钢筋应力均小于预警值。

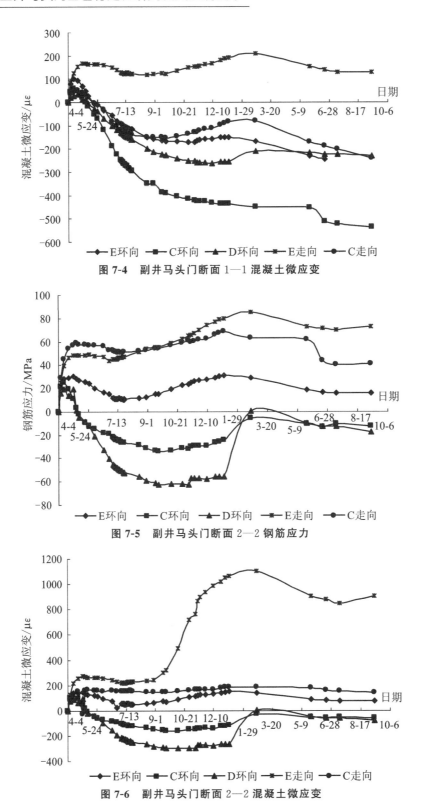

图 7-4 副井马头门断面 1—1 混凝土微应变

图 7-5 副井马头门断面 2—2 钢筋应力

图 7-6 副井马头门断面 2—2 混凝土微应变

西马头门混凝土应变:在监测周期内,混凝土应变变化与钢筋应力变化基本趋于一致,表明钢筋与混凝土整体性较好。环向应变均为压应变,最大值为 $-538.5\ \mu\varepsilon$,小于警戒抗压应变。走向应变为拉应变,在拱南部最大为 $1100.6\ \mu\varepsilon$,超过警戒抗拉应变,衬砌混凝土产生了一定程度的损伤。

在监测周期内副井东马头门断面 3—3、断面 4—4 监测结果如图 7-7 至图 7-10 所示。

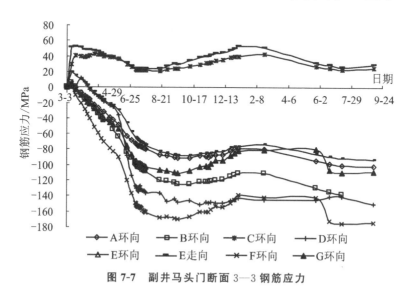

图 7-7　副井马头门断面 3—3 钢筋应力

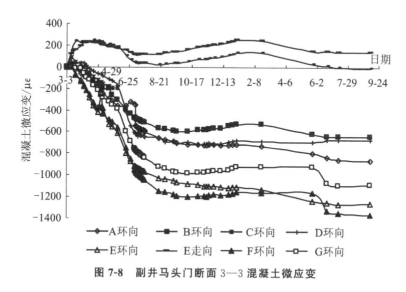

图 7-8　副井马头门断面 3—3 混凝土微应变

东马头门钢筋应力:在监测周期内,环向钢筋最大压应力位置位于拱顶及南部拱底,应力最大值为 $-173.6$ MPa;衬砌沿巷道走向钢筋承受了较大的拉应力,在井筒附近最大为 52.7 MPa,钢筋应力均小于预警值。

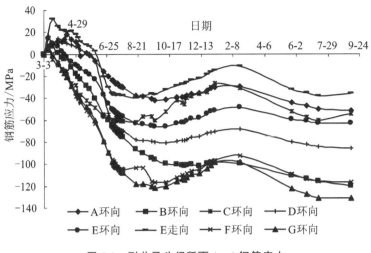

**图 7-9　副井马头门断面 4—4 钢筋应力**

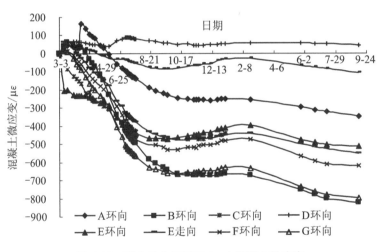

**图 7-10　副井马头门断面 4—4 混凝土微应变**

东马头门混凝土应变:监测出的最大压应变位置位于南拱部与肩部,最大值为−1359.8 $\mu\varepsilon$,接近警戒抗压应变;最大拉应变位置位于南部拱底走向方向,其值为 251.1 $\mu\varepsilon$,超过混凝土警戒抗拉应变,内部产生损伤。

## 7.1.2　副井马头门衬砌结构表面收敛位移监测

副井马头门衬砌结构的表面收敛位移监测,主要用于结合钢筋应力和混凝土应变监测结果来综合分析马头门支护的稳定性。

（1）监测断面与测点布置

副井马头门衬砌结构的表面位移监测共设置 4 个断面,断面布置图如图 7-11 所示。

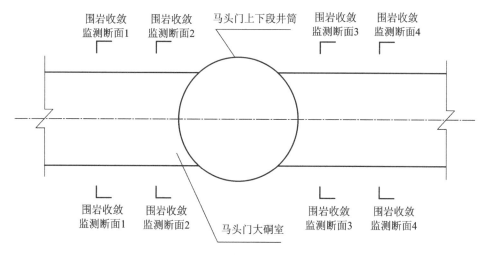

**图 7-11　副井马头门混凝土衬砌结构的收敛变形监测断面布置**

每个断面布置 5 个测点,测点位置如图 7-12 所示。激光测距仪专用测点安设在 1# 和 5# 测点位置。

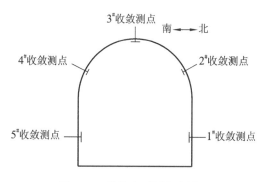

**图 7-12　收敛变形测点布置图**

（2）监测结果

副井马头门衬砌结构收敛变形监测自 2010 年 4 月 12 日开始,2010 年 4 月 12 日至 2011 年 5 月 25 日的监测结果绘成时间-收敛位移曲线,如图 7-13 至图 7-16 所示。

衬砌结构的表面收敛监测结果表明:

① 马头门衬砌结构拱部收敛位移要大于其他部位,各断面相对位移均小于预警值。

② 马头门衬砌结构不同测点的相对位移在浇筑后 3 个月内变化速率最快,且在 2010 年 6 月底至 2011 年 1 月注浆期间,相对位移出现跃增,平均变化速率大于预警值,随后逐渐趋于稳定。

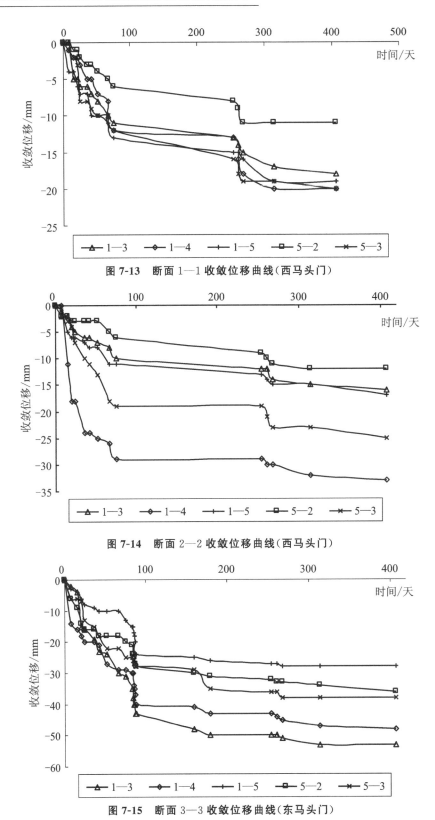

图 7-13 断面 1—1 收敛位移曲线（西马头门）

图 7-14 断面 2—2 收敛位移曲线（西马头门）

图 7-15 断面 3—3 收敛位移曲线（东马头门）

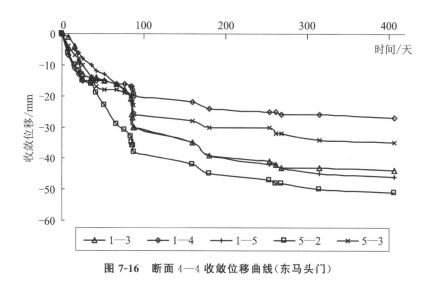

图 7-16　断面 4—4 收敛位移曲线（东马头门）

### 7.1.3　马头门稳定性分析

在监测周期内,结合马头门衬砌结构应力、应变与表面收敛位移监测结果,对马头门衬砌结构的稳定性进行了动态分析,主要结果如下:

(1)副井马头门衬砌浇筑后,在 2010 年 4 月至 6 月期间受管子道等施工扰动影响,结构处于复杂应力状态,监测结果反映出各项指标的平均变化速率均大于预警值,衬砌结构有失稳的趋势,需对马头门衬砌结构进行加固。基于分析结果,及时对马头门衬砌结构设计加固方案并实施,后期监测结果表明加固效果良好。

(2)副井马头门衬砌结构在 2010 年 4 月至 6 月期间各项监测项目的最大值与平均变化速率均小于预警值,变化曲线平缓,表明马头门支护结构以自己的刚度和强度限制了破碎岩体进一步变形和破裂,围岩与支护结构形成共同作用,支护结构趋于稳定。

## 7.2　望峰岗矿第二副井马头门支护优化与变形控制技术工程应用

望峰岗矿第二副井-960 m 水平马头门断面面积大,其最大净高为 7.934 m,净宽为 7.700 m,支护难度大。在对马头门进行围岩松动圈监测的同时,对马头门衬砌结构的内力进行实时监测,以掌握马头门衬砌结构的受力特征。

### 7.2.1　监测元件布置

在副井的马头门共布置 4 个断面,在每个断面的拱顶和两帮钢筋混凝土衬砌结构中埋设钢筋应力计和混凝土应变计(如图 7-17 至图 7-19 所示),以测得衬砌结构中的内力。

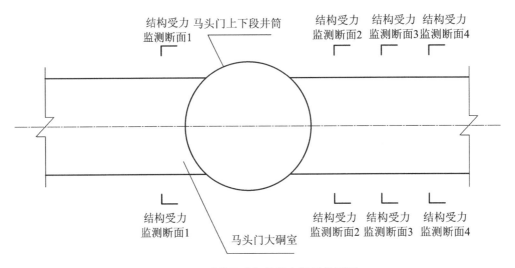

图 7-17　副井马头门元件布置图断面图

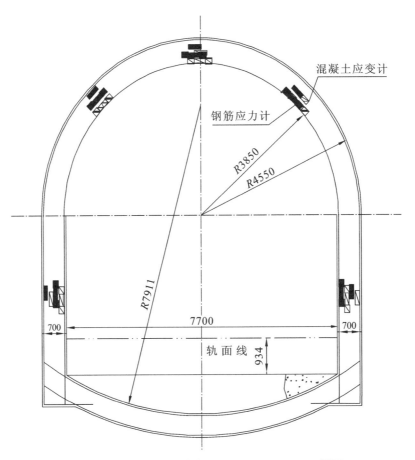

图 7-18　副井马头门元件布置图（1—1、2—2、3—3 断面）

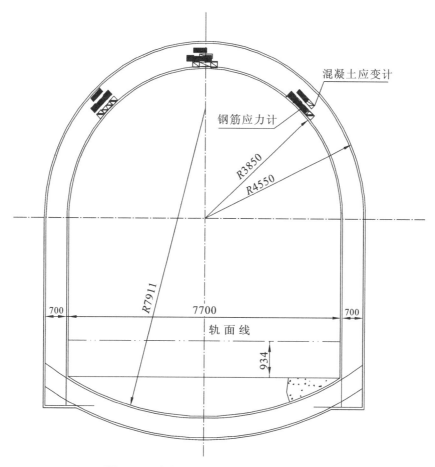

图 7-19　副井马头门元件布置图(4—4 断面)

## 7.2.2　监测结果及分析

图 7-20、图 7-21 所示为马头门各测试断面半圆拱部位混凝土应变和钢筋应力随时间的变化曲线,图 7-22、图 7-23 所示为马头门各测试断面边墙部位钢筋应力和混凝土应变随时间的变化曲线。

由图 7-20 至图 7-23 可知,在监测时间段内:边墙部位最大钢筋应力为 201.3 MPa,位于东马头门 3—3 测试断面南边墙。西马头门拱北部受力相对其他部位较大,对比东马头门半圆拱部位和边墙部位的最大钢筋应力分析可知,半圆拱部位衬砌结构的内力较小,马头门边墙部位衬砌结构的内力较大,这主要是由于在马头门的两帮掘进等候室和平台梯子室等硐室的过程中对围岩的二次扰动,引起马头门两帮衬砌结构的内力增大。

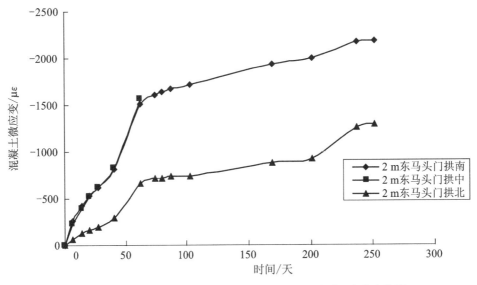

图 7-20　东马头门 1—1 断面半圆拱部位混凝土（切向）应变变化图

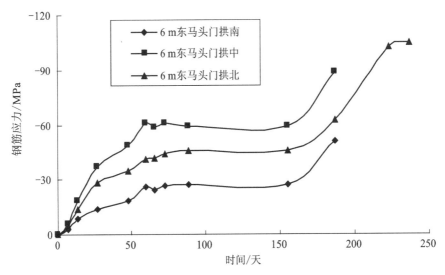

图 7-21　东马头门 3—3 断面半圆拱部位钢筋（切向）应力变化图

望峰岗矿第二副井马头门衬砌结构部位受力较大，如 1—1 测试断面东马头门混凝土最大应变值为 −2183 $\mu\varepsilon$，已超过混凝土单轴受压破坏极限值 −2000 $\mu\varepsilon$，且钢筋应力较大；又如 4—4 测试断面西马头门钢筋最大应力为 −274.9 MPa，已接近钢筋单轴设计强度 −300 MPa，且混凝土最大应变值为 −2224.8 $\mu\varepsilon$。说明这些部位衬砌结构钢筋混凝土已接近极限状态，为安全起见，应尽早进行注浆加固并适当补打锚索。

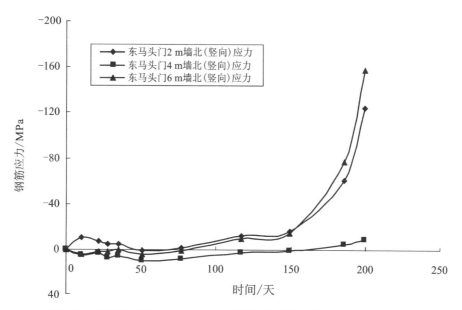

**图 7-22** 东马头门 1—1、2—2、3—3 断面边墙部位钢筋(竖向)应力变化图

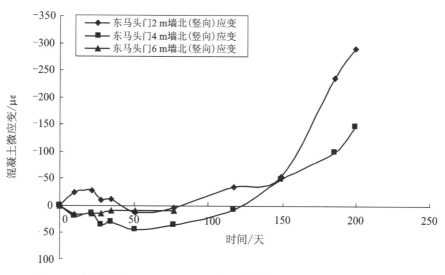

**图 7-23** 东马头门 1—1、2—2、3—3 断面边墙部位混凝土(竖向)应变变化图

# 7.3 海孜矿马头门支护结构优化工程应用

## 7.3.1 初次衬砌监测

### 7.3.1.1 马头门围岩收敛变形监测

新副井马头门采用锚喷网作为初期支护。锚喷网作为一种柔性支护,可以允许一定程度的变形,释放围岩压力。对新副井马头门围岩与支护结构进行收敛变形监测的目的是,掌握围岩表面变形及断面收缩情况,评价初期支护效果并确定合理的二次支护时机。

### 7.3.1.2 监测断面布置

根据海孜矿新副井的开挖情况,确定在马头门处共布置 6 个监测断面,如图 7-24(a)所示。其中断面 1—1、2—2、3—3、4—4 位于北马头门,断面 5—5、6—6 位于南马头门,监测断面于 2011 年 12 月 21 日布置。每个监测断面布置 5 个测点,编号为 1~5,如图 7-24(b)所示。通过激光测距仪测量各点之间的相对位移。

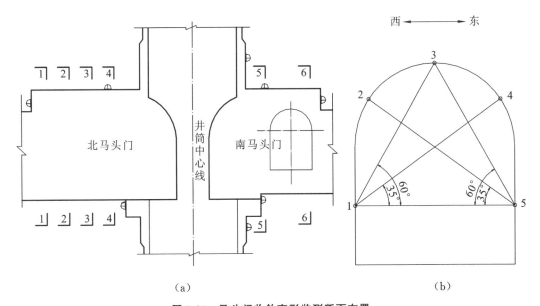

(a)                (b)

**图 7-24 马头门收敛变形监测断面布置**

(a)监测断面布置;(b)各断面测点布置

### 7.3.1.3　监测结果分析

新副井北马头门围岩表面收敛变形自 2011 年 12 月 21 日至 2012 年 3 月 13 日监测情况详见表 7-1。

表 7-1　北马头门收敛变形监测结果　　　　　　　　单位：mm

| 监测断面 | 监测点 | 2011-12-21 | 2012-1-23 | 2012-2-27 | 2012-3-13 |
|---|---|---|---|---|---|
| 1—1 断面 | 1-5 | 0 | −1 | −2 | — |
| | 1-4 | 0 | −3 | −3 | −76 |
| | 1-3 | 0 | −6 | −7 | −88 |
| | 5-1 | 0 | −4 | −4 | — |
| | 5-2 | 0 | −2 | −8 | −97 |
| | 5-3 | 0 | −5 | −10 | −102 |
| 2—2 断面 | 1-5 | 0 | −2 | −2 | — |
| | 1-4 | 0 | −6 | −10 | −101 |
| | 1-3 | 0 | −3 | −4 | −74 |
| | 5-1 | 0 | −4 | −10 | — |
| | 5-2 | 0 | −1 | −3 | −83 |
| | 5-3 | 0 | −6 | −17 | −117 |
| 3—3 断面 | 1-5 | 0 | −1 | −2 | — |
| | 1-4 | 0 | −4 | −10 | −90 |
| | 1-3 | 0 | −13 | −18 | −118 |
| | 5-1 | 0 | 0 | 0 | — |
| | 5-2 | 0 | 0 | −2 | −73 |
| | 5-3 | 0 | 0 | −3 | −81 |
| 4—4 断面 | 1-5 | 0 | −1 | −2 | — |
| | 1-4 | 0 | −3 | −4 | −84 |
| | 1-3 | 0 | −4 | −19 | −109 |
| | 5-1 | 0 | −1 | −1 | — |
| | 5-2 | 0 | −3 | −5 | −79 |
| | 5-3 | 0 | −2 | −5 | −88 |

当马头门锚喷支护的围岩表面相对位移最大监测值大于预警值时,表明巷道围岩松动变形量大、松动范围深,应及时施工二次衬砌以免变形量过大使得锚喷支护失效。

对新副井北马头门各断面的监测结果进行分析可知,自 2011 年 12 月 21 日至 2012 年 3 月 13 日,顶部变形的 1-3、5-3 监测点相对位移均大于其他位置,表明马头门顶部变形速率大于其他位置,顶部围岩松动范围最大。各监测结果中最大相对位移达 117 mm,接近预警值,因此根据监测结果选择 2012 年 3 月底开始进行二次衬砌。

新副井南马头门收敛变形共有 4 次监测数据,监测情况见表 7-2。

表 7-2　南马头门收敛变形监测结果　　　　　　　　　　　　单位:mm

| 监测断面 | 监测点 | 2011-12-21 | 2011-12-23 | 2011-4-10 | 2011-8-15 |
|---|---|---|---|---|---|
| 5—5 断面 | 1-5 | 0 | −12 | — | — |
| | 1-4 | 0 | −6 | −97 | −122 |
| | 1-3 | 0 | −15 | −137 | −165 |
| | 5-1 | 0 | −11 | — | — |
| | 5-2 | 0 | −7 | −91 | −123 |
| | 5-3 | 0 | −12 | −122 | −151 |
| 6—6 断面 | 1-5 | 0 | −12 | — | — |
| | 1-4 | 0 | −12 | −93 | −125 |
| | 1-3 | 0 | −14 | −128 | −152 |
| | 5-1 | 0 | −11 | — | — |
| | 5-2 | 0 | −10 | −89 | −115 |
| | 5-3 | 0 | −15 | −113 | −142 |

对新副井南马头门各断面的监测结果进行分析可知,南马头门由于相互邻近的硐室多,受硐室开挖多次扰动影响,围岩较破碎,因此各测点的相对位移均大于北马头门。自 2011 年 12 月 21 日至 2012 年 8 月 15 日的监测结果表明,各位置监测值多数大于预警值,顶部锚网喷支护变形量较大,因此至 2012 年 8 月底完成二次衬砌。

### 7.3.2　马头门二次衬砌受力监测

#### 7.3.2.1　监测断面布置

根据海孜矿新副井马头门地质资料和支护结构设计图,确定在马头门支护结构中布置

2 个监测断面,断面位置见图 7-25。其中断面 1 位于北马头门,断面 2 位于南马头门,2 个断面距离井筒中心线均在 14 m 左右。

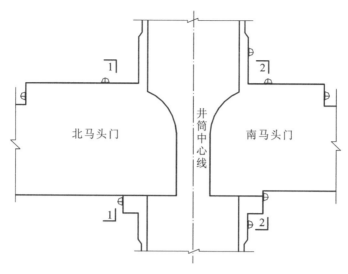

**图 7-25 马头门支护结构监测断面图**

每个监测断面在内排钢筋上布置 7 个环向钢筋应力计及 3 个竖向钢筋应力计,用以监测钢筋应力;在支护结构内排钢筋附近均布 7 个环向混凝土应变计及 3 个竖向混凝土应变计,用以监测混凝土微应变。监测断面具体元件布置见图 7-26。

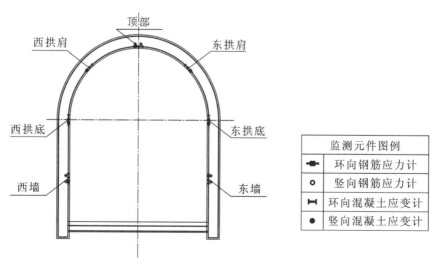

**图 7-26 马头门监测断面元件示意图**

### 7.3.2.2 监测结果分析

根据海孜煤矿新副井马头门施工进度,北马头门监测元件于 2012 年 3 月 13 日开始埋设,南马头门监测元件于 2012 年 8 月 15 日开始埋设,监测结果如图 7-27 至图 7-30 所示,其中受拉为正、受压为负。

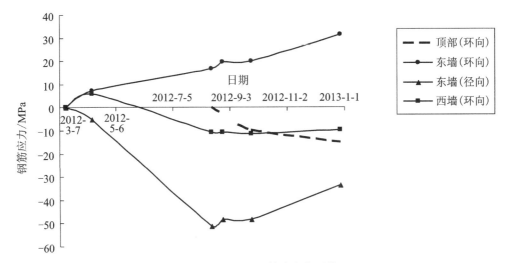

**图 7-27 北马头门钢筋应力监测结果**

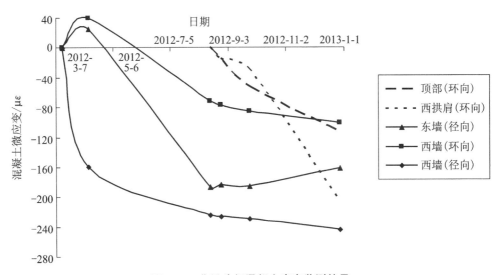

**图 7-28 北马头门混凝土应变监测结果**

对马头门二次衬砌浇筑后的监测表明,北马头门由于直墙段和半圆拱段衬砌分段浇筑,最大钢筋应力和混凝土应变均为两直墙段,其中最大钢筋应力值为 51.2 MPa,最大混凝土应变为 $-243~\mu\varepsilon$。南马头门衬砌结构为一次整体浇筑,最大钢筋应力值为 43.2 MPa,位于西拱肩环向;最大混凝土应变达－979 $\mu\varepsilon$,位于马头门顶部环向。

基于数值计算结合监测结果可知,马头门衬砌结构浇筑时间大于 90 天后,在马头门衬砌结构受力最大的拱肩和顶部,最大钢筋应力值为预警值的 21%,最大混凝土应变为预警值的 70%,且各监测指标随时间的增长均趋于稳定。马头门衬砌结构受力分布和安全储备较为合理,所采用的支护方案取得很好的支护效果。

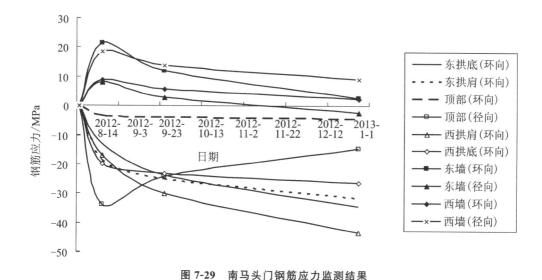

图 7-29 南马头门钢筋应力监测结果

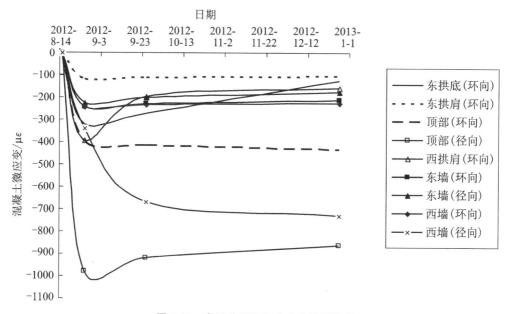

图 7-30 南马头门混凝土应变监测结果

# 7.4 小 结

将深部马头门围岩控制技术运用于两淮矿区的多对深立井马头门支护工程中,衬砌结构受力与围岩收敛分析表明,马头门围岩系列控制技术得到了成功的应用。

(1)应用马头门支护结构优化设计成果,深部地层马头门支护结构的钢筋应力与混凝土应变变化曲线在100天左右以后逐渐趋缓,围压破坏变形得到了有效控制。

(2)马头门附近硐室的施工容易造成深立井马头门的变形加速,严重的会造成结构的破损,因此需要实时监测马头门大硐室内部的受力和表面收敛变形,必要时采取壁后注浆加固围岩和锚索梁加固衬砌结构等补强措施。

# 8 结论与展望

## 8.1 主 要 结 论

本书采用理论分析、数值计算、模型试验和工程实践相结合的方法,围绕煤矿深立井马头门围岩历时稳定性及控制技术开展了深入研究,得到以下主要结论:

(1)实验室内展开深部地层砂质泥岩的三轴蠕变试验,在线性伯格斯模型的基础上建立新的非线性蠕变模型,并通过试验数据辨识得到相关模型参数。

① 线性伯格斯模型可以表征深部地层砂质泥岩的线性黏弹性蠕变力学特征,在低于破裂偏应力水平下,可以使用线性伯格斯模型描述深部地层砂质泥岩衰减蠕变和稳定蠕变阶段的力学变形特征。

② 通过引入变参数非线性黏塑性元件组合,串联在经典线性伯格斯模型上,建立变参数非线性黏弹塑性伯格斯模型,它可以完整地描述砂质泥岩在较低应力水平和超过破裂应力水平荷载下的蠕变力学行为。

③ 采用莱芬博格-马奎特算法辨识得到深部地层砂质泥岩的加速蠕变参数,通过数值计算二次开发可以嵌入深部马头门开挖与支护的数值模拟中。

(2)采用大型有限元计算软件 ABAQUS 建立马头门大型三维模型,利用软件自带的 UMAT 接口对砂质泥岩的变常数非线性黏弹塑性模型进行二次开发,分析了深部地层马头门围岩的历时稳定性过程。

① 以潘一东矿副井马头门为原型,采用 ABAQUS 有限元软件,结合深部地层岩石蠕变试验提出变参数非线性伯格斯模型,并进行基于 ABAQUS 用户本构关系的二次开发,将其成功应用于深立井马头门围岩历时稳定性的三维数值模拟分析。

② 揭示了马头门围岩位移场和应力场分布规律以及支护结构的受力特征,并指出深立井马头门"历时三区转化"规律。马头门硐室上下段井壁开挖后,在马头门上下连接段井壁周围形成最初的马头门连接硐室围岩"应力突变区"。在马头门拨门双向迎头方向开挖 5 m后,最大主应力变化剧烈并逐渐转移,在马头门上下、左右四个拐角区域形成马头门连接硐室围岩"应力转移区"。随着东、西马头门的掘进和时间的推移,在马头门顶板和底板上方的围岩应力也在一定范围内逐渐集中和转移,并相互叠加影响,围岩最大主应力在"L"形区域集中程度趋缓,最终形成马头门交叉大硐室围岩"应力叠加区"。

③ 建立了一套完整的大型深立井马头门历时数值分析方法,可对马头门的围岩稳定性进行评价;依据数值分析结果,提出了深立井马头门的加强支护设计理念,能够为马头门支护结构的加强和优化设计提供有力依据。

(3) 开展煤矿深立井马头门大型三维物理相似模型试验,弄清煤矿深立井马头门围岩稳定性发展规律。

① 由光纤测试结果可知,井筒和马头门交界处围岩受井筒和马头门开挖影响显著,围岩受影响范围约 300 mm,相当于实际工程中的影响范围为 15 m;马头门两边围岩受影响范围约 200 mm,相当于实际工程中的影响范围为 10 m。

② 井筒和马头门开挖,引起围岩应力减少,距离马头门顶板 2～3 m 处,围岩应力降为原岩应力的 20%～30%。

③ 电法测试系统所测得松动圈厚度基本为 200～300 mm,和光纤测试结果一致,松动圈外的低阻区应为巷道开挖后围岩在围压作用下形成的弹性变形区。

(4) 针对深立井马头门的地质条件、施工过程和支护结构设计,笔者提出的深立井马头门围岩变形控制技术,成功应用于两淮矿区多对井筒工程中。

① 利用地面预注浆钻孔对马头门上下段井壁围岩、左右马头门大硐室顶底板围岩进行注浆加固,增强围岩强度,防止开挖后的变形破坏。

② 针对深部硐室爆破地震波传播过程的特点,提出从装药结构、爆破参数以及周边控界爆破技术等方面实现爆破对围岩扰动的控制。

③ 在马头门大硐室与两侧后续巷道之间钻一排密集深钻孔,使后续巷硐施工的爆破冲击波和变形扰动通过密集深钻孔隔离、衰减,减小对已支护马头门围岩和衬砌的稳定性影响。

④ 深立井马头门两侧硐室衬砌,包括上、下口段井壁混凝土的整体浇筑段长度由目前的 3 m 左右加长到 6～8 m;信号硐室和液压泵站等硐室支护结构与马头门支护结构同时施工,避免后续施工对已浇筑井壁的扰动影响。

⑤ 针对深立井马头门的围岩赋存深度、主要岩性和断面尺寸等因素,提出连接段井壁和马头门硐室支护结构的分级策略。

(5) 将深部马头门围岩控制技术成功应用到两淮矿区的多对深立井马头门支护工程中。

① 应用马头门支护结构优化设计成果,深部地层马头门支护结构的钢筋应力、混凝土应变及硐室断面收敛变化曲线在 100 天左右以后逐渐趋缓,马头门围压及支护结构形成有效共同作用,硐室变形得到了有效控制。

② 马头门附近硐室的施工容易造成深立井马头门的变形加速,严重的会造成结构的破损,因此需要实时监测马头门大硐室内部结构的受力和表面收敛变形,必要时采取壁后注浆加固围岩和锚索梁加固衬砌结构等补强措施,确保深井马头门这一咽喉要道的安全性。

## 8.2 创 新 点

（1）首次开展了煤矿深立井马头门大型三维物理相似模拟试验，综合应用物理力学测试系统、光纤测试系统元件和电法测试系统于模型试验中，得到深立井煤矿马头门及其连接硐室在开挖过程中的应力场、位移场及松动范围变化规律。

（2）提出了深部砂质泥岩的变参数非线性伯格斯模型，并应用于数值计算中，计算结果与现场测试结果相一致。

（3）提出了深立井连接硐室的支护分级、优化设计方法，支护效果经受住了现场工程实践考验。

（4）提出了深立井马头门支护结构整体浇筑与隔离孔施工等围岩变形控制技术，创新和完善了现行煤矿马头门结构的支护方法。

## 8.3 展 望

煤矿深立井马头门的支护和扰动控制是深部岩土工程和煤矿安全工程中非常具有挑战性的课题。本书研究虽然获得了一些较为有意义的结论，但相对于比较复杂的深部岩体而言，有关深部各种岩性岩体的物理力学特性的试验研究还不够全面，深部岩体在高温和水力作用下的力学特征仍待进一步的探索；深部煤矿大型马头门受周围硐室的施工影响具有相互扰动特征，还需要进一步研究。

# 参 考 文 献

[1] 何满潮,谢和平,彭苏萍,等.深部开采岩体力学研究[J].岩石力学与工程学报,2005,24(16):2803-2812.

[2] 卡斯特奈 H.隧道与坑道静力学[M].同济大学《隧道与坑道静力学》翻译组,译.上海:上海科学技术出版社,1980.

[3] 范文,俞茂宏,孙萍,等.硐室形变围岩压力弹塑性分析的统一解[J].长安大学学报(自然科学版),2003,23(3):1-3.

[4] 陈立伟,彭建兵,范文,等.基于统一强度理论的非均匀应力场圆形巷道围岩塑性区分析[J].煤炭学报,2007,32(1):20-23.

[5] 朱维申,李建华.考虑岩体扩容、软化、流变效应的围岩应力状态[C]//中国力学学会.第三届全国岩土力学数值分析与解析方法讨论会论文集.珠海:岩土力学专业委员会,1988:553-573.

[6] HOJO A, NAKAMURA M, SAKURAI S, et al. Characterization of non-elastic ground behavior of a large underground power house cavern by back analysis [J]. International Journal of Rock Mechanics and Mining Sciences & Geomechanics Abstracts,1997,34(3-4):1-8.

[7] KOVRIZHNYKH A M. Deformation and failure of open and underground mine structures under creep [J]. Journal of Mining Science,2009,45(6):541-550.

[8] GNIRK P F, FOSSUM A F. On the formulation of stability and design criteria for compressed air energy storage in hard rock caverns [J]. Intersociety Energy Conversion Engineering,1979(1):429-440.

[9] NGUYEN V M, NGUYEN Q P. Analytical solution for estimating the stand-up time of the rock mass surrounding tunnel [J]. Tunnelling and Underground Space Technology Incorporating Trenchless Technology Research,2015,47(3):10-15.

[10] YOSHIDA H, HORII H. Excavation analysis of a large-scale underground power house cavern by micromechanics-based continuum model of jointed rock mass [J]. International Journal of Rock Mechanics and Mining Science,1997,34(3-4):352. e1-352. e30.

[11] STURK R, STILLE H. Design and excavation of rock caverns for fuel storage—a case study from Zimbabwe [J]. Tunnelling and Underground Space Technology,1995,10(2):193-201.

[12] EDELBRO C. Numerical modelling of observed fallouts in hard rock masses using an instantaneous cohesion-softening friction-hardening model[J]. Tunnelling and Underground Space Technology,2009(4):398-409.

[13] DASGUPTA B, DHAM R, LORIG L J. Three dimensional discontinuum analysis of the underground powerhouse for Sardar Sarovar Project,India[C]//The 8th ISRM Congress,Tokyo,Japan,1995:551-554.

[14] YANG F, ZHANG C, HUI Z, et al. The long-term safety of a deeply buried soft rock tunnel lining

under inside-to-outside seepage conditions[J]. Tunnelling and Underground Space Technology, 2017, 67(8): 132-146.

[15] 李术才，朱维申，陈卫忠. 小浪底地下洞室群施工顺序优化分析[J]. 煤炭学报，1996，21(4): 393-398.

[16] 朱维申，李晓静，郭彦双，等. 地下大型洞室群稳定性的系统性研究[J]. 岩石力学与工程学报，2004，23(10): 1689-1693.

[17] 朱维申，李勇，张磊，等. 高地应力条件下洞群稳定性的地质力学模型试验研究[J]. 岩石力学与工程学报，2008，27(7): 1308-1314.

[18] 朱维申. 大型洞室群高边墙位移预测和围岩稳定性判别方法[J]. 岩石力学与工程学报，2007，26(9): 1729-1736.

[19] 安红刚. 大型洞室群稳定性与优化的综合集成智能方法研究[J]. 岩石力学与工程学报，2003，22 (10): 1760.

[20] 安红刚，冯夏庭. 大型洞室群稳定性与优化的进化有限元方法研究[J]. 岩土力学，2001，22(4): 373-377.

[21] 安红刚，冯夏庭，李邵军. 大型硐室群稳定性与优化神经网络有限元方法研究——第一部分:理论模型[J]. 岩石力学与工程学报，2003，22(5): 706-710.

[22] 安红刚，冯夏庭. 大型硐室群稳定性与优化神经网络有限元方法研究——第二部分:实例研究[J]. 岩石力学与工程学报，2003，22(10): 1640-1645.

[23] 钟登华，张伟波，郑家祥. 复杂地下洞室群施工动态演示系统研究[J]. 水利发电，2000(12): 28-30.

[24] 钟登华，张伟波，郑家祥. 大型地下洞室群施工系统仿真[J]. 水利学报，2001(9): 86-91.

[25] 钟登华，刘奎建，张静. 大型地下洞室群施工动态可视化仿真研究进展[J]. 水利发电学报，2004，23(2): 88-93.

[26] 钟登华，李明超，杨建敏. 复杂工程岩体结构三维可视化构造及其应用[J]. 岩石力学与工程学报，2005，24(4): 575-580.

[27] 钟登华，刘杰，李明超，等. 基于三维地质模型的大型地下洞室群布置优化研究[J]. 水利学报，2007，38(1): 60-66.

[28] 钟登华，郭享，李明超，等. 基于三维地质模型的地下洞室参数化设计与方案优选[J]. 天津大学学报，2007，40(5): 519-524.

[29] 郭凌云，肖明. 大型地下洞室群参数反演及其工程应用[J]. 岩土工程技术，2005，19(3): 118-122.

[30] 张巍，肖明，范国邦. 大型地下洞室群围岩应力-损伤-渗流耦合分析[J]. 岩土力学，2008，29(7): 1813-1818.

[31] 杨兴国，谭德远. 地下洞室群施工程序的仿真模拟研究[J]. 四川大学学报(工程科学版)，2001，33(2): 1-4.

[32] 李艳玲，陈新，华国春，等. 地下洞室群施工方案的综合评价[J]. 四川水力发电，2005，24(2): 40-43, 47,92.

[33] 余卫平，汪小刚，杨健，等. 地下洞室群围岩稳定性分析及其结果的可视化[J]. 岩石力学与工程学报，2005，24(20): 3730-3736.

[34] 余卫平，汪小刚，杨健，等. 地下洞室群围岩稳定分析[J]. 矿山压力与顶板管理，2005，3(14)：14-17，118.

[35] 余卫平，耿克勤，汪小刚. 某水电站地下厂房洞室群围岩稳定分析[J]. 岩土力学，2004，25(12)：1955-1960.

[36] 唐旭海，张建海，张恩宝，等. 溪洛渡电站左岸地下厂房洞室群围岩稳定性研究[J]. 云南水力发电，2007，23(1)：33-37.

[37] 陈健云，胡志强，林皋. 超大型地下洞室群的三维地震响应分析[J]. 岩土工程学报，2001，23(4)：494-498.

[38] 陈健云，胡志强，林皋. 超大型地下洞室群的随机地震响应分析[J]. 水利学报，2002(1)：71-75.

[39] 陈秀铜，李璐. 大型地下厂房洞室群围岩稳定分析[J]. 岩石力学与工程学报，2008，27(S1)：2864-2872.

[40] 杨明举，常鹏东. 超大型地下洞室群施工开挖程序及围岩稳定分析[J]. 西南交通大学学报，2000，35(1)：32-35.

[41] 何满潮，李春华，王树仁. 大断面软岩硐室开挖非线性力学特性数值模拟研究[J]. 岩土工程学报，2002，24(2)：483-486.

[42] 何满潮，王树仁. 大变形数值方法在软岩工程中的应用[J]. 岩土力学，2004，25(2)：185-188.

[43] 何满潮，李国峰，任爱武，等. 深部软岩巷道立体交叉硐室群稳定性分析[J]. 中国矿业大学学报，2008，37(2)：167-170.

[44] 曹晨明. 井底车场及周围硐室群应力分布规律的数值分析[J]. 煤矿开采，2003，13(3)：8-10.

[45] 闫长斌，徐国元. 动荷载对竖向排列地下硐室群稳定性影响分析[J]. 中国铁道科学，2006，27(3)：27-33.

[46] 余伟健，高谦，张周平，等. 深埋大跨度软岩硐室让压支护设计研究[J]. 岩土工程学报，2009，31(1)：40-47.

[47] 张连福，谢文兵. 深井大断面软岩硐室高强稳定型支护技术研究[J]. 山东科技大学学报(自然科学版)，2010，29(5)：32-38.

[48] 王卫军，张鹏，彭文庆，等. 锚杆注浆联合支护大断面煤仓硐室围岩变形分析[J]. 湖南科技大学学报(自然科学版)，2008，23(4)：6-9.

[49] 韦寒波，高谦，余伟健，等. 大断面硐室开挖支护与围岩稳定性分析[J]. 中国矿业，2007，16(10)：80-82+85.

[50] 吴浩仁，杨张杰，王庆牛. 深井软岩硐室底板加固技术及数值模拟研究[J]. 煤炭工程，2012(2)：24-26.

[51] 王来贵，初影，赵娜. 不同形状硐室拉张破裂有限元数值模拟[J]. 沈阳建筑大学学报(自然科学版)，2009，25(3)：462-466.

[52] GRIGGS D T. Creep of rocks[J]. Journal of Geology，1939，47：225-251.

[53] FUKUI K，OKUBO S，NISHIMATSU Y. Creep behavior of rock under uniaxial compression [J]. Shigen-to-sozai，1995，37(7)：521-526.

[54] CRUDEN D M. Single-inerement creep experiments on rock under uniaxial compression [J].

International Journal of Rock Mechanics and Mining Sciences & Geomechanics Abstracts，1971，8 (2)：127-142.

[55] OKUBO S，NISHIMATSU Y，FUKUI K. Complete creep curves under uniaxial compression [J]. International Journal of Rock Mechanics and Mining Sciences & Geomechanics Abstracts，1991，28 (1)：77-82.

[56] MARANINI E，BRIGNOLI M. Creep behavior of a weak rock：experimental characterization[J] International Journal of Rock Mechanics and Mining Sciences，1999，36(1)：127-138.

[57] FUJII Y，KIYAMA T，ISHIJIMA Y，et al. Circumferential strain behavior during creep tests of brittle rocks [J]. International Journal of Rock Mechanics and Mining Sciences，1999，36 (3)：323-337.

[58] SINGH D P. A study of creep of rocks [J]. International Journal of Rock Mechanics and Mining Sciences & Geomechanics Abstracts，1975，12(9)：271-276.

[59] ITO H，SASAJIMA S. A ten year creep experiment on small rock specimens[J]. International Journal of Rock Mechanics and Mining Sciences & Geomechanics Abstracts，1987，24(2)：113-121.

[60] 孙钧. 岩石流变力学及其工程应用研究的若干进展[J]. 岩石力学与工程学报，2007，26(6)：1081-1106.

[61] 徐卫亚，杨圣奇，褚卫江. 岩石非线性黏弹塑性流变模型(河海模型)及其应用[J]. 岩石力学与工程学报，2006，25(3)：433-447.

[62] 李亚丽，于怀昌，刘汉东. 三轴压缩下粉砂质泥岩蠕变本构模型研究[J]. 岩土力学，2012，33(7)：2035-2040，2047.

[63] 刘玉春，赵扬锋. 岩石试件非线性黏弹塑性蠕变模型分析[J]. 煤矿开采，2009，14(5)：16-18.

[64] 李成波，AYDIN ADNAN，施行觉，等. 岩石蠕变模型的比较和修正[J]. 实验力学，2008，23(1)：9-16.

[65] 熊诗湖，周火明，钟作武. 岩体载荷蠕变试验方法研究[J]. 岩石力学与工程学报，2009，28(10)：2121-2127.

[66] 袁海平，曹平，许万忠，等. 岩石粘弹塑性本构关系及改进的 Burgers 蠕变模型[J]. 岩土工程学报，2006，28(6)：796-799.

[67] 曹平，刘业科，蒲成志，等. 一种改进的岩石黏弹塑性加速蠕变力学模型[J]. 中南大学学报(自然科学版)，2011，42(1)：142-146.

[68] 王来贵，赵娜，何峰，等. 岩石蠕变损伤模型及其稳定性分析[J]. 煤炭学报，2009，34(1)：64-68.

[69] 陈锋，杨春和，白世伟. 盐岩储气库蠕变损伤分析[J]. 岩土力学，2006，27(6)：945-949.

[70] 胡其志，冯夏庭，周辉. 考虑温度损伤的盐岩蠕变本构关系研究[J]. 岩土力学，2009，30(8)：2245-2248.

[71] 余成学. 岩石非线性黏弹塑性蠕变模型研究[J]. 岩石力学与工程学报，2009，28(10)：2006-2011.

[72] 蒋昱州，徐卫亚，王瑞红，等. 岩石非线性蠕变损伤模型研究[J]. 中国矿业大学学报，2009，38(3)：331-335.

[73] 张强勇，杨文东，张建国，等. 变参数蠕变损伤本构模型及其工程应用[J]. 岩石力学与工程学报，

2009，28(4)：732-739.

[74] 宋飞，赵法锁，李亚兰. 一种岩石损伤流变模型及数值分析[J]. 水力水电科技进展，2008，28(1)：12-15.

[75] 张向阳. 采空区顶板蠕变损伤断裂分析[J]. 辽宁工程技术大学学报（自然科学版），2009，28(5)：777-780.

[76] 张强勇，李术才，焦玉勇. 岩体数值分析方法与地质力学模型试验原理及工程应用[M]. 北京：中国水利水电出版社，2005.

[77] 沈泰. 地质力学模型试验技术的进展[J]. 长江科学院院报，2001(5)：32-36.

[78] 陈安敏，顾金才，沈俊，等. 地质力学模型试验技术应用研究[J]. 岩石力学与工程学报，2004，23(22)：3785-3789.

[79] HANSOR N W.Influence of surface roughness of prestressing strand on band performance[J]，Journal of Prestressed Concrete Institute.1969，14(1)：32-45.

[80] HEUER R E, HENDRON A J. Geomechanical model study of the behavior of underground openings in rock subjected to static loads. Report 2，Tests on unlined openings in intack rock [R]. 1971.

[81] HENDRON A J, ENGELING P, AIYER A K，et al. Geomechanical model study of the behavior of underground openings in rock subjected to static loads. Report 3，Tests on lined openings in jointed and intact rock [R]. 1972.

[82] ZOU J F, XIA M Y, XU Y. Nonlinear visco-elasto-plastic model for surrounding rock incorporating the effect of intermediate principal stress[J]. Geotechnical and Geological Engineering，2017，35：403-423.

[83] GASC-BARBIER M, CHANCHOLE S, BEREST P. Creep behavior of Bure clayey rock[J]. Applied Clay Science，2004，26(1/4)：449-458.

[84] LI S C, WANG Q, WANG H T，et al. Model test study on surrounding rock deformation and failure mechanisms of deep roadways with thick top coal[J]. Tunnelling and Underground Space Technology，2015，47：52-63.

[85] XU G, HE C, YANG Q，et al. Progressive failure process of secondary lining of a tunnel under creep effect of surrounding rock[J]. Tunnelling and Underground Space Technology，2019，90(8)：76-98.

[86] KULATILAKE P, HE W, UM J，et al . A physical model study of jointed rock mass strength under uniaxial compressive loading[J]. International Journal of Rock Mechanics and Mining Sciences，1997，34(3-4)：165. e1-165. e15.

[87] BAKHTAR K. Impact of joints and discontinuities on the blast-response of responding tunnels studied under physical modelling at l-g[J]. International Journal of Rock Mechanics and Mining Sciences，1997，34(3-4)：21. e1-21. e15.

[88] CASTRO R, TRUEMAN R, HALIM A. A study of isolated draw zones in block caving mines by means of a large 3D physical model[J]. International Journal of Rock Mechanics and Mining Sciences，2007，44(6)：860-870.

[89] SHIN JONG-HO, CHOI YONG-KI, KWON OH-YEOB，et al. Model testing for pipe-reinforced

tunnel heading in a granular soil[J]. Tunnelling and Underground Space Technology, 2008, 23(3): 241-250.

[90] MEGUID M A, SAADA O, NUNES M A, et al. Physical modeling of tunnels in soft ground: a review[J]. Tunnelling and Underground Space Technology incorporating Trenchless Technology Research, 2008, 23(2): 185-198.

[91] FUENKAJORN K, PHUEAKPHUM D. Physical model simulation of shallow openings in jointed rock mass under static and cyclic loadings [J]. Engineering Geology, 2010, 113(1): 81-89.

[92] 李仲奎, 卢达溶, 洪亮, 等. 大型地下洞室群三维地质力学模型试验中隐蔽开挖模拟系统的研究和设计[J]. 岩石力学与工程学报, 2004, 23(2): 181-186.

[93] 姜小兰, 陈进, 操建国, 等. 锦屏一级水电站地下厂房洞室群地质力学模型试验分析[J]. 长江科学院院报, 2005, 22(1): 50-53.

[94] 李仲奎, 卢达溶, 中山元, 等. 三维模型试验新技术及其在大型地下洞群研究中的应用[J]. 岩石力学与工程学报, 2003, 22(9): 1430-1436.

[95] 李仲奎, 徐千军, 罗光福, 等. 大型地下水电站厂房洞群三维地质力学模型试验[J]. 水利学报, 2002, 22(5): 31-36.

[96] 李仲奎, 刘军, 徐千军, 等. 大型洞室群三维模型实验离散化多主应力面加载及监控系统的研究[J]. 实验技术与管理, 2002, 19(5): 4-10.

[97] 李勇, 杨强, 朱维申, 等. 静态电阻与光纤应变测试技术在岩土地质力学模型试验中的应用[J]. 山东大学学报(工学版), 2009, 39(3): 129-134.

[98] 张强勇, 李术才, 李勇, 等. 大型分岔隧道围岩稳定与支护三维地质力学模型试验研究[J]. 岩石力学与工程学报, 2007, 26(S2): 4051-4059.

[99] YOSHIDA Y, OHNISHI Y, NISHIYAMA S. Behavior of discontinuities during excavation of two large underground caverns[J]. International Journal of Rock Mechanics and Mining Sciences, 2004, 41(3): 1-6.

[100] HOJO A, NAKAMURA M, SAKURAI S, et al. Characterization of non-elastic ground behavior of a large underground power house cavern by back analysis [J]. International Journal of Rock Mechanics and Mining Sciences, 1997, 34(3-4): 8. e1-8. e8.

[101] ZHAO J. Construction and utilization of rock caverns in Singapore. Part A: the Bukit Timah granite bedrock resource[J]. Tunnelling and Underground Space Technology, 1996, 11(1): 65-72.

[102] STURK R, STILLE H. Design and excavation of rock caverns for fuel storage—a case study from Zimbabwe[J]. Tunnelling and Underground Space Technology, 1995, 10(2): 193-201.

[103] MAEJIMA T, MORIOKA H, MORI T, et al. Evaluation of loosened zones on excavation of a large underground rock cavern and application of observational construction techniques[J]. Tunnelling and Underground Space Technology, 2003, 18 (2-3): 127-144.

[104] BROTH E, MYRBANG A M, STJERN G. Support of large rock caverns in Norway[J]. Tunnelling and Underground Space Technology, 1996, 11(1): 11-19.

[105] TEZUKA M, SEOKA T. Latest technology of underground rock cavern excavation in Japan[J].

Tunnelling and Underground Space Technology, 2003, 18 (2-3): 127-144.

[106] ADHIKARI G R, BABU A R, BALACHANDER R, et al. On the application of rock mass quality for blasting in large underground chambers[J]. Tunnelling and Underground Space Technology, 1999, 14(3): 367-375.

[107] 王桦, 程桦, 荣传新. 基于高密度电阻率法的松动圈测试技术研究[J]. 煤炭科学技术, 2008, 36(3): 53-57.

[108] 黎明镜, 程桦, 荣传新. 施工扰动下深井硐室衬砌结构受力及稳定性分析[J]. 煤炭科学技术, 2013, 41(11): 34-38.

[109] 左飞. 深部矿井大硐室围岩变形特性实测与分析[J]. 山西建筑, 2010, 36(30): 90-91.

[110] 汪易森, 刘斯宏. 大型地下洞室群开挖的施工预测解析与信息化管理[J]. 中国工程科学, 2007, 9(3): 35-40.

[111] 江权, 冯夏庭, 苏国韶, 等. 基于松动圈-位移增量监测信息的高地应力下洞室群岩体力学参数的智能分析[J]. 岩石力学与工程学报, 2007, 26(S1): 2654-2662.

[112] 黄凤辉, 刘猛, 舒非凡, 等. 盲竖井硐室群施工实践[J]. 建井技术, 2006, 27(3): 17-19.

[113] 文俊杰, 俞猛, 张柏山, 等. 大朝山水电站地下厂房洞室群立体开挖施工[J]. 水力发电, 2001(12): 41-42, 56.

[114] 张大成. 大朝山水电站地下厂房枢纽布置与地下硐室群围岩支护设计[J]. 云南水力发电, 1996(2): 44-53.

[115] 文俊杰, 俞猛, 张柏山. 大朝山水电站地下洞室群开挖施工[J]. 水力发电, 1998(9): 55-57.

[116] 王仁坤, 李杰, 尹晓林. 超大型地下洞室群合理布置及围岩稳定研究[J]. 水力发电, 2001(8): 72-73.

[117] 刘业献, 邵昌尧, 杨瑞斌. 唐口煤矿千米埋深岩层中大跨度硐室群施工技术[J]. 煤炭科学技术, 2006, 34(12): 35-37.

[118] 罗国永. 星村煤矿井筒与硐室群整体施工实践[J]. 建井技术, 2006, 27(2): 17-18.

[119] 于景泉. 深部高地压软岩硐室群破坏后的综合治理实践[J]. 煤炭科学技术, 2005, 33(6): 49-51.

[120] 孙豁然, 王述红, 宫永军, 等. 大型地下硐室开挖过程位移变形智能预测[J]. 煤炭学报, 2001, 26(1): 45-48.

[121] 李付海, 宋传文. 破碎围岩大断面硐室群支护技术[J]. 矿山压力与顶板管理, 2001, 31(4): 31-32.

[122] 任冶章. 巷道施工方法对马头门围岩稳定性影响[J]. 力学与实践, 1994(5): 25-28.

[123] 程桦, 蔡海兵, 吴丹. 煤矿深立井连接硐室群施工顺序优化[J]. 合肥工业大学学报(自然科学版), 2011, 34(8): 1202-1206.

[124] 程桦, 蔡海兵, 荣传新, 等. 深立井连接硐室群围岩稳定性分析及支护对策[J]. 煤炭学报, 2011, 36(2): 261-266.

[125] 姚直书, 程桦, 高业禄, 等. 复杂地质条件下深井马头门支护结构及应用[J]. 煤炭科学技术, 2009, 37(1): 69-71.

[126] 姜玉松. 煤矿井底车场与井筒连接处破坏的原因分析及对策[J]. 山东科技大学学报(自然科学版), 2010, 29(5): 39-43.

[127] 徐颖，黄文尧，宗琦，等. 地下变电所硐室贯通控制爆破技术[J]. 煤炭科学技术，2008，34(8)：25-27,31.

[128] 张平松，刘盛东. 工作面爆破振动对硐室稳定性的影响[J]. 采矿与安全工程学报，2007，24(2)：208-211.

[129] 穆朝民，齐娟. 锚固硐室在爆炸波作用下的损伤机理[J]. 煤炭学报，2011，36(S2)：391-395.

[130] 贾虎，郑文豫，徐颖. 基于有限元数值计算的硐室爆破震动分析[J]. 矿冶工程，2007，27(4)：14-16.

[131] 徐红卫，徐颖，宗琦. 复杂地质条件下煤层胶带机头硐室修复加固技术[J]. 南华大学学报(自然科学版)，2009，23(1)：12-14.

[132] 张恒亮，桑普天，张金松. 顾桥矿深井软弱破碎岩硐室支护技术[J]. 煤矿安全，2013，44(4)：113-115.

[133] 高延辉，庞建勇. 动压条件下采区硐室底臌机理及支护技术研究[J]. 山西建筑，2010，36(28)：66-68.

[134] 焦金宝，张华磊. 内锚外架工艺在刘庄西区等候硐室的应用[J]. 煤矿安全，2013，44(1)：147-149.

[135] 孙钧. 岩土材料流变及其工程应用[M]. 北京：中国建筑工业出版社，1999.

[136] 王芝银，李云鹏. 岩体流变理论及其数值模拟[M]. 北京：科学出版社，2008.

[137] 陈卫忠，伍国军，贾善坡. ABAQUS在隧道及地下工程中的应用[M]. 北京：中国水利水电出版社，2010.

[138] 费康，张建伟. ABAQUS在岩土工程中的应用[M]. 北京：中国水利水电出版社，2010.

[139] 朱以文，蔡元奇，徐晗. ABAQUS与岩土工程分析[M]. 香港：中国图书出版社，2005.

[140] 付贵海，魏丽敏，周慧，等. 基于ADINA的软土粘弹塑性模型二次开发研究[J]. 公路交通科技，2013，30(12)：29-34,44.

[141] 付凯敏，黄晓明. 基于ABAQUS的修正Burgers蠕变模型二次开发研究[J]. 公路工程，2008，33(3)：132-137.